초보 엄마를 위한
육아 필살기

초보 엄마를 위한 육아 필살기

초 판 1쇄 2019년 12월 11일

지은이 권마담, 이정림
펴낸이 류종렬

펴낸곳 미다스북스
총괄실장 명상완
책임편집 이다경
책임진행 박새연 김가영 신은서
본문교정 최은혜 강윤희 정은희

등록 2001년 3월 21일 제2001-000040호
주소 서울시 마포구 양화로 133 서교타워 711호
전화 02) 322-7802~3
팩스 02) 6007-1845
블로그 http://blog.naver.com/midasbooks
전자주소 midasbooks@hanmail.net
페이스북 https://www.facebook.com/midasbooks425

ISBN 978-89-6637-742-8 03590

값 15,000원

초보 엄마를 위한 육아 필살기

이 책 한 권이면 더 이상 허둥대지 않아도 된다!

권마담, 이정림 지음

미다스북스

프롤로그

부모는 아이의 거울이다. 아이가 건강하게 성장하기 위해서는 주변의 따뜻한 보살핌이 있어야 한다. 아이는 부모의 모습을 보면서 사회와 세상을 배워나간다. 아기가 잘 자라기를 원한다면 부모는 먼저 부모력을 키워야 한다. 훈육의 사전적 의미는 규칙에 따라 행동하도록 훈련시키는 것이다. 자신의 아이를 훈육한다는 것은 어려운 일이다. 일상생활에서 아이들을 훈육할 때 인내심을 가지고 기다리게 하는 법을 가르치게 된다. 대중교통을 이용할 때 줄을 서서 질서를 지켜야 한다는 사실을 세밀하게 설명해주고 시간이 걸린다는 것을 알려줌으로써 아이는 사회적인 규범에 대해 배워 나가게 된다.

육아는 피그말리온 효과(Pygmalion effect) 같은 과정이라고 생각한다. 자신이 만든 조각상을 사랑한 그리스 신화에 나오는 조각가 피그말리온의 이름에서 유래한 심리학 용어이다. 조각가였던 피그말리온은 아름다운 여인상을 조각하고, 그 여인상을 진심으로 사랑하게 된다. 매일같이 여인상이 사람이 되기를 갈망하는 피그말리온에게 감동한 신은 여인상에게 생명을 주었다. 이처럼 피그말리온 효과는 타인이 나를 존중하고 나에게 기대하는 것이 있으면 기대에 부응하는 쪽으로 변하려고 노력하여 기대한 대로 이루어지는 것을 의미한다.

아이는 부모의 소유물이 아니다. 아이의 타고난 기질과 특성을 무시한 채 부모의 생각과 가치관을 주입하면 안 된다. 사람은 독립적인 개체이며 자신의 삶과 목적이 있다.

풀꽃

나태주

자세히 보아야 예쁘다
오래 보아야 사랑스럽다
너도 그렇다

세상에 나가 자아를 실현할 수 있고, 자존감 있는 아이로 키우려면 부모 먼저 아이를 있는 그대로의 모습으로 받아들이고 인정해야 한다. 아이를 훈육하고 양육하는 방법을 성공으로 이끌어낸 부모들에게는 분명한 양육의 철학이 있다. 남들을 따라 하는 것이 아니라 아이의 마음을 움직일 수 있는 자신만의 훈육과 양육 기준을 세워 원칙을 정해 실천한다. 내 아이를 공부해야 내 아이를 알게 된다. 훈육은 어려운 것이 아니다. 부모가 자신감을 가지고 내 아이가 할 수 있는 것과 아이가 필요로 하는 것을 확실히 하고 아이의 변화에 대한 확신이 생긴다면 훈육이 어렵다는 부담을 덜어낼 수 있게 된다. 내 아이를 한 발짝 떨어져 관찰하는 세심함이 필요하다.

'대화의 1, 2, 3 법칙'이 있다. 아이와 친해지고 싶다면 제일 먼저 해야 할 것은 '공감적 경청'이다. 공감하며 경청하는 것이야말로 가장 좋은 듣기 습관이다. 공감적 경청은 주의 깊게 듣는 것은 물론이고 적절한 반응을 보이는 것까지 포함하는 말이다.

"아, 그랬구나. 그래서 어떻게 됐는데? 저런. 정말 속상했겠다!" 하고 아이의 이야기에 적극적으로 공감하고 맞장구쳐주는 것이다. 아이가 다친 일을 말하면 "아이고, 아팠겠네!" 하고, 아이가 신이 나서 이야기를 하면 “우와 멋진데.” 하는 등 그때마다 주의 깊게 듣는다. 슬프면 같이 슬퍼해주고, 기쁘면 같이 기뻐해주며 감정을 공유하는 것이 바로 공감적 경청이다.

'대화의 1, 2, 3 법칙'은 1분만 말하고, 2분 이상 들어주며, 3번 이상 맞장구치라는 것이다. 이 역시 공감적 경청의 중요성을 강조한 법칙이라 할 수 있다. 부모가 공감적 경청의 자세를 익혀 '대화의 1, 2, 3 법칙'을 잘 실천하면 아이와의 관계는 분명 달라진다. 부모의 이해와 사랑을 받고 있다고 믿으면 아이는 누가 시키지 않아도 자신의 현재 상황에 관해 이야기하게 된다.

가트맨 박사는 아이의 감정을 충분히 받아주고 좋은 감정으로 이끌어주는 것이 부모의 가장 큰 사랑의 기술이라고 강조한다. 육아의 방법은 세상에 대한 경외감과 호기심을 키워주는 것이다. 또한 육아의 힘은 아이들이 생각을 현실로 옮기는 의지를 키우고 충만하게 살 수 있도록 한다.

아이들은 말썽을 부리거나 떼를 쓰며 부모의 인내심을 시험한다. 그랬던 아이들도 성장하면서 문화와 관점과 믿음이 다른 사람들까지 고통을 함께하는 넓은 마음을 지니게 된다. 부모의 적극적인 보살핌으로 아이가 자신감과 자존감을 가지고 자발적으로 타인을 도울 수 있고, 주도적으로 문제를 해결하며 풍요로운 관계를 맺을 수 있는 힘을 키우게 된다.

이 책에는 초보 엄마들이 육아를 하면서 현실에서 부딪치는 문제를 해결하는 방법을 담았다. 또한, 아이의 높은 자존감을 위해 엄마가 알고 있어야 하는 내용도 설명했다.

아직 늦지 않았다. 아이와 엄마가 행복한 여행을 시작할 수 있도록 이 책이 유익한 이정표 역할을 하게 될 것이다.

목 차

2장 훈육만 제대로 해도 육아가 훨씬 쉬워진다

3장 매번 혼나고도 같은 행동을 반복하는 아이를 위한 육아 필살기

5장 똑똑한 엄마보다 진심으로 공감해주는 엄마가 되라

AMOR
AMOR

- 1장 -

소리 지르고
후회하는
육아는 그만!

울고 떼쓰기 시작하면 감당이 안 돼요

교육은 우리 자신의 무지를 지속적으로 발견해가는 것이다.
- 윌 듀란트 -

우리 아이 잘 키우기

부모에게는 누구나 내 아이를 잘 기르고 싶은 마음이 한결같다. 자녀를 잘 기르고 싶은 마음이 부모의 사랑이라는 것을 양육을 통해서 배운다. 아이의 말을 잘 들어줘야 하는 이유는 무엇일까? 엄마와 마음이 멀어졌다고 생각한 아이는 관심을 끌기 위하여 소리를 지르고 울고 떼를 쓰는 방법을 써서 원하는 것을 쟁취하려고 한다.

인정받고 싶은 욕구를 온몸으로 표현하는 아이는 자신이 하는 방법이 부모에게 최대한 통하는 방법이라고 생각하고 행동한다. "나를 알아주지 않고 내가 가지지 못했기 때문에 화가 나."라는 말을 하고 싶은데 울고 떼쓰는 방법으로 알리는 것이다. 인정받고 싶고 감사받고 싶은 마음을 직접적으로 표현하는 것은 잘못된 것이 아니다. 아이들은 부모의 위로와 관심을 받기 위해 자신을 측은하게 만들어 동정심을 불러일으키는 데 뛰어난 행동을 보이기도 한다.

성우를 데리고 가족이 함께 마트에 갔다. 성우는 자동차에 집착하는 아이였다. 본인이 원하는 것이 있으면 일관된 울음으로 울면 부모가 사준다는 것을 알고 마트에 내리자마자 뛰어들어가 장난감 판매대에 가서 자신이 받을 자동차를 고르기 시작했다.

집에도 자동차는 많았지만 신기한 자동차가 나오면 가지고 싶어하는 욕심이 대단했다.

자동차 장난감을 고른 성우는 엄마에게 사달라고 조르기 시작했다.

"성우야, 집에 자동차가 많아서 이건 사지 않았으면 좋겠다."

"싫어."

"엄마 말 들어야지."

"내가 고른 건 집에 있는 것과는 달라. 자동차 종류가 달라서 내가 가질 거야."

성우는 막무가내로 떼쓰기 시작했다.

"안 돼. 내려놔."

"싫어."

"조성우."

"싫단 말이야. 그냥 사주면 되잖아."

자신의 마음이 통하지 않는 엄마 앞에서 성우는 눈물을 보이기 시작했다.

"얼른, 뚝 못 해."

"엄마가 사주면 되잖아."

성우는 막무가내로 떼를 쓰고 있었다. 급기야 바닥에 드러누워 숨이 넘어가는 것처럼 서럽게 울기 시작하고 있었다. 주변에서 카트를 끌고 장을 보던 사람들이 힐끗거리고 마트 관계자도 와서 아이를 제지하기 시작했다.

"죄송해요. 잠깐만 울게 내버려 둘게요. 제풀에 꺾여서 포기할 때까지 두면 울음을 그칠 거예요."

마트 관계자는 뒤로 돌아서 고개를 끄덕거리며 다른 곳으로 이동했다. 엄마도 마찬가지로 성우가 보이지 않는 곳에서 지켜보고 있었다. 15분

정도 지났을까. 성우는 울음을 그친 듯 지쳤는지 엄마를 찾기 시작했다.

두리번거리는 아이 앞으로 엄마가 나타났다. 아이와 눈높이를 맞추고 무릎을 구부린 상태에서 성우에게 물었다.

"성우야. 다 울었어?"

성우는 퉁퉁 부은 눈과 얼굴로 훌쩍거리며 고개를 끄덕거렸다.

"엄마는 성우가 울어서 마음이 너무 아프다."

성우는 눈물이 그렁그렁 맺힌 채 훌쩍거리며 말했다.

"제가 잘못한 거 같아요."

아이를 제지하고 다그치고 야단치려고 하기보다는 혼자 스스로 감정을 느낄 때까지 두면 아이는 자신의 이야기를 하고 들어주는 부모에게 감정의 혼란을 털어놓을 것이다.

아이의 행동을 주의 깊게 살피고 상황을 파악해서 다독거려주면 제자리로 돌아오게 된다.

타임아웃 훈육법

울고 떼쓰기 시작하는 아이가 울음을 그쳤을 때 좋은 행동을 하게 하는 칭찬의 요령이 있다. 4가지 단계를 소개하면 다음과 같다.

첫 번째, 울고 떼쓰다가 울음을 그친 아이를 칭찬한다.
두 번째, 울고 떼쓰다가 그쳐서 어떤 행동이 좋았는지 아이에게 설명해준다.
세 번째, 울고 떼쓰다가 그쳐서 좋은 이유를 구체적으로 설명해준다.
네 번째, 울고 떼쓰다가 그쳐서 잘했다고 한 번 더 칭찬해준다.

아이는 칭찬으로 좋은 점을 늘리고 나쁜 점을 없앤다는 말이 있다. 부모들은 아이를 교육할 때 아이의 나쁜 점과 문제 행동에만 관심을 두고 좋은 점에는 신경을 쓰지 않고 그냥 넘기는 경우가 많다. 칭찬을 받으면 누구나 기분이 좋아진다. 칭찬은 고래도 춤추게 한다고 한다. 칭찬은 기분이 좋은 보상이며 아이에게 성취감을 느끼게 해서 좋은 행동을 유지하는 데 효과를 발휘한다.

부모는 어떠한 상황에서도 잘 대처할 수 있다는 자신감을 기르는 것이 중요하다. 아이에 대한 분노가 오르기 전에 대처하는 요령은 이렇다.

첫 번째, 심호흡한다.
두 번째, 물을 마신다.

세 번째, 잠시 밖으로 나간다.

네 번째, 마음속으로 1부터 10까지 숫자를 센다.

다섯 번째, 다른 사람에게 전화하거나 화난 원인을 종이에 쓴다.

이 외에도 다른 방법이 많다. 자신에게 맞는 방법을 시도하면 된다. 평정심을 되찾기 위하여 평정심을 잃은 상황을 떠올리고 실제로 평정심을 되찾는 작전을 짜야 한다. 그리고 반드시 실행에 옮겨야 한다. 실패하게 되더라도 시행착오를 겪으며 시간과 인내심을 가지고 꾸준히 노력해야 한다. 아이가 울고 떼쓰기를 그쳤을 때 생각 의자나 생각하는 공간을 만들어 주는 것도 방법이다.

타임아웃 훈육법이라고 생각하면 된다. 타임아웃 훈육법은 아이가 잘못된 행동을 했을 때 조용한 장소로 데려가 일정 시간 동안 접근을 제한해서, 아이가 행동을 돌이켜보고 반성하게 하는 훈육 방법을 의미한다. 아이의 자유로운 시간을 제한하고 혼자 있는 시간을 주어서 아이를 진정시키고 잘못한 것에 대해서 스스로 되돌아보게 하는 것이 목표인 훈육 방법이다.

아이가 울고 떼쓰기 시작하면 감당할 수 있다는 마음으로 침착하게 상황을 정리하고 자신의 몸의 변화를 감지하면서 의자에 앉아 심호흡하며 냉정함을 되찾으려 유지해야 한다.

이럴 땐 이렇게, 육아 필살기!

아이에게 자꾸만 화를 내게 돼요!

육아가 스트레스를 많이 받고 힘든 일이기에 엄마는 자신을 다스릴 줄 알아야 한다. 엄마가 자신을 다스리지 못하면 자기도 모르게 화를 내게 되고 좋은 엄마가 될 수 없고 아이와 좋은 애착 관계도 형성할 수 없게 된다. 엄마는 자신 안의 화를 다스리고 아이를 대해야 한다.

첫 번째는 화가 날 때 자신의 변화를 파악해야 한다.
두 번째는 숨을 고른다. 숫자를 세면서 숨이 깊이 들이마시고 내쉬는 것만으로도 마음이 가라앉고 생각이 정리된다.
세 번째는 아이에게 화난 감정을 말해준다. 소리를 지르기보다는 "엄마는 너의 행동 때문에 화났어."라고 차분하게 설명해준다.
네 번째는 상상과 추측은 금물이다. 아이를 골칫덩어리로 과장해 생각하지 말고 객관적으로 생각해봐야 한다.
다섯 번째는 감정적으로 받아들이지 않는다. 아이가 아무리 험악한 기세로 대들어도 엄마는 절대로 일부러 그런 것이 아님을 믿어야 한다.
여섯 번째는 일단 멈춘 뒤 거리를 두고 지켜본다. 분노가 폭발할 것 같으면 집밖으로 나가는 등 일단 문제 상황으로부터 벗어나는 것도 방법이다.

일곱 번째는 그래도 화가 가라앉지 않는다면 스스로에게 말을 건다. '지금 아이는 뭘 바라는 걸까?' 하고 자문해 감정을 다스려본다.

여덟 번째는 아이에게 자신의 방식과 생각을 지나치게 강요하는 것은 아닌지 돌아본다.

아홉 번째는 현실적이고, 유연성이 있고, 인간미 있게 육아 원칙을 수정하도록 한다.

출처 : 『신의진의 아이 심리백과』, 신의진, 갤리온 출판사

상처 주는 것도 습관이다

사랑은 지성을 넘어선 상상력의 승리이다.
- 헨리 멩컨 -

우리 아이 바른 습관 길들이기

나는 아이가 어려서부터 부모에게 존댓말로 하는 말을 교육시켰다. 바른 습관을 잡아주기 위하여 반말보다는 존댓말을 하는 것이 바람직하다는 생각이었다. 존댓말을 하지 않고 반말을 하면 아이가 요청하는 것을 들어주지 않았다. 아이는 고개를 갸우뚱거렸다.

"뭐라고 했어? 엄마는 너의 목소리가 잘 들리지 않아…. 다시 한 번 더 말해줄래?"

반말했을 경우에는 들리지 않는다고 못 알아듣는 척을 하는 것이다. 아이는 몇 번을 망설이다가 존댓말을 다시 쓰기 시작했다. 말을 한 번에 알아듣고 요구에 응해주었더니 아이는 대번에 존댓말을 사용했다. 놀라운 성과였다. 반말에는 대답하지 않고 존댓말에만 반가운 기색을 했더니 아이는 계속해서 존댓말을 사용했다.

부모가 아이에게 표현하는 방식에 있어서도 애매한 표현 방식이 있다. 온 가족이 외출을 나갈 때 아이에게 당부하는 말이다.

"외출해서 나가게 되면 얌전히 굴어야 한다."

억압적이고 모호한 표현이다.

"외출할 때에는 엄마와 떨어지지 않도록 엄마 곁에 꼭 붙어 있어야 해. 엄마 곁에 있어야 미아가 되지 않아. 손을 놓지 말고 꼭 잡자."

구체적인 표현 방식으로 아이에게 얘기해주어야 한다.

놀이터에 데리고 나갈 때도 "착하게 굴어야 한다고 했지."라고 하면 애매한 표현이다.

"그네를 타고 싶으면 차례를 지켜야 한단다. 우리 여기서 순서를 기다리자."

구체적인 표현 방식으로 아이에게 얘기해주면 질서라는 개념이 머릿속에 정립이 된다. 아이에게 말을 할 때는 구체적으로 알기 쉽게 전달해 주어야 한다. 집안에 손님이 왔을 때에도 아이가 좋아서 어찌할 줄 모른다면

"좀 얌전히 굴어라! 엄마가 창피하다." 이렇게 얘기하기보다는 "손님이 오셨으니까 '안녕하세요?' 하고 인사해야지. 그리고 방에 들어가 있어도 된단다."라고 말을 한다면 아이는 상처받지 않고 인사를 하게 될 것이다.

우리가 아이를 존중할 때 아이들 역시 자신을 존중하는 법을 배우고 자존감을 찾게 된다. 부모가 마음먹기에 따라서 아이와의 의사소통도 원활해질 수 있다. 칭찬을 많이 받는 아이는 자신을 소중하게 여기고 자신이 부모에게 얼마나 소중한 존재인지 깨닫게 된다. 우리가 아이에게 상처 주는 말, 아이의 인격을 깎아내리는 말(못난이, 바보 등)을 하게 되면 아이는 스스로 자기가 생각하는 이미지도 깎아내리게 된다. 상처를 받은 아이는 '나는 쓸모없는 아이'라는 나쁜 생각을 하게 된다.

부모가 아이에게 상처를 주는 것도 습관이다. 습관처럼 아이에게 상처

를 주고 아무렇지도 않게 대한다면 아이의 내면은 더 상처받게 된다. 아이에게 상처를 줬다면 진심으로 사과를 해야 한다. 진심으로 사과를 한 뒤에 아이와 공감하려고 노력하면 아이도 수긍하게 된다. 공감은 육아에 있어 중요한 마법과도 같은 약이다.

아이에게 상처 주지 않기

부모는 상처 주는 말을 아이에게 하고 나서 후회하는 마음이 들게 된다.

'조금 더 침착했더라면 그런 상처 주는 말을 하지 않았을 텐데….'

밥을 먹기 전에 반찬 투정을 한다던가, 외출하기 전에 가기 싫다고 투정을 하거나 거짓말로 화장실을 가겠다고 떼쓰고 운다. 부모들은 당황하며 언성을 높인다. 점점 목소리의 톤이 올라가게 되고 손찌검을 하기도 한다. 아이에게 손찌검하게 되면 악순환이 반복된다. 이러한 상황이 되지 않게 하려면, 부모가 평정심을 가지고 냉정해져야 한다. 부모가 평정심을 가지고 아이를 대해야 아이들을 다스릴 수 있게 된다.

야단치거나 화내지 않고 아이를 기르고 싶은 것은 부모들의 다 같은 마음일 것이다. 부모들을 힘들게 하고 지치게 하는 요인은 아이가 떼쓰고 고집부리며 화내고 반항하며 공격적으로 행동하기 때문이다. 아이를 잘 훈육하지 못해 아이를 때렸다가 후회하는 경우와 아이를 잘 훈육하지 못한다는 자책감 때문에 괴로워하는 혼란스러움이 가중되어 힘들어한다.

아이에게는 부모가 하고 싶은 말을 잘 전달해야 할 필요성이 있다. 아이의 행동이나 말에 대해서 즉각적으로 화내지 말고 때리지 말아야 하며 아이의 기분을 인지하고 들어주면서 천천히 반복해서 부모의 마음을 설명해주어야 한다. 아이에게는 오랜 시간 같이 있는 것보다 아이와 같이 있는 동안 어떻게 해주느냐가 중요하다. 아이에게 화내거나 야단치지 말고 공감하는 말투로 문제 행동을 멈추게 해야 한다. 아이에게는 바라는 것은 직접 설명해주어야 한다.

부모는 아이들에게 기대를 많이 하는 경향이 있다. 아이가 한글을 빨리 익히게 되면, 아이가 영어를 잘한다면, 아이가 한자를 잘한다면, 아이가 공을 잘 차거나, 아이가 발레에 재능을 보이거나… 한다면 미래에 대해 부모 나름대로 설계를 하게 되는 것이다. 아이들은 아이마다 성장하는 데 있어서 개인 간의 차이가 크다. 부모는 아이의 성장에 맞지 않는 무리한 기대를 하면 안 된다. 이러한 기대를 하는 것도 아이에게는 상처가 된다. 부모가 무엇을 기대하는지 아이에게 잘 설명해주고 이해시켜야 한다. 서로 소통이 되지 않는다면 부모와 아이가 힘들어지는 상황이 오게 된다. 부모가 아이에게 지나친 기대를 하는 것은 상처를 주고 아이를 망치는 원인이 될 수도 있다.

아이에게 상처 주는 부모는 아이와의 관계에 있어서 문제 해결 방안을 모색해야 한다. 먼저 아이의 장점을 먼저 생각해야 한다. 그리고 아이의 문제점을 정리해주어야 한다. 부모의 역할은 아이를 생각해서 아이 스스로 문제를 해결하게 하는 성취감을 느끼게 해주는 것이다. 아이가 부모 생각과 다르게 행동하거나 다른 결정을 하게 되더라도 아이의 생각을 존중해주어야 한다. 부모가 아이에게 상처를 주는 것도 습관이다. 부모가 자신을 뒤돌아봐야 한다.

나는 훈육이 너무 어렵다

말하는 것의 두 배로 들을 수 있도록 우리에겐 귀가 둘, 입이 하나 있다.
- 에픽테토스 -

엄마의 훈육에 대하여

훈육의 사전적 의미는 규칙에 따라 행동하도록 훈련시키는 것이다. 자신의 아이를 훈육한다는 것은 어려운 일이다. 일상생활에서 아이들에게 훈육하는 데 있어서 인내심을 가지고 기다리게 하는 법을 가르치게 된다. 대중교통을 이용할 때 줄을 서서 질서를 지켜야 한다는 사실을 세밀하게 설명해주고 시간이 걸린다는 것을 알려줌으로써 아이는 사회적인 규범에 대해 배워 나가게 된다.

아이들은 부모를 관찰함으로써 아빠 엄마의 결혼생활에 대해 배우게 된다. 아빠 엄마가 상대방을 대하는 모습을 보면서 배려하는 모습, 수용하는 모습, 이해하는 모습을 배워 사랑을 배워 나가게 된다. 부모가 배우자를 대하는 모습은 아이들의 인생에 중요한 영향력을 끼친다.

민지는 아빠와 인라인스케이트를 타기로 약속을 했다. 아빠를 따라서 동생과 함께 공원에 가기 위해 외출에 나섰다. 차에 타면 안전띠를 반드시 매야 하고 인라인스케이트를 탈 때는 머리보호용 헬멧과 무릎 보호대와 팔꿈치 보호대를 착용하고 타야 한다는 것을 아빠는 알려주었다. 안전을 위한 규칙에 대해 아이들에게 설명해야 할 부분이다.

식사하고 나면 자신이 먹은 그릇은 설거지통에 넣고 장난감은 놀고 난 후 제자리에 정리하고 취침 시간과 기상 시간은 시간을 지켜야 하는 규칙에 대하여 알려주면 아이들에게 안정감을 주게 된다.

부부가 행복한 결혼생활을 위해 늘 노력해야 한다. 사랑이 넘치는 가정을 아이들에게 보여주기 위해서 부부간에 서로 최선을 다하는 모습을 보여주어야 한다. 아이들은 늘 엄마 아빠가 서로 돌보는 모습과 장점을 인정하고 배려하는 방법과 공감하는 방법, 약점을 지켜주는 방법에 대해 배우게 된다. 부모의 올바른 양육 태도가 아이의 인생을 좌우하게 된다.

가정과 사회는 규칙이 있다는 것을 가르쳐야 한다. 시간의 개념에 대해 알려주고 식사 시간, 취침 시간, 귀가 시간과 약속을 해야 하는 이유와 청소하는 방법과 공동생활을 하기 위해 많은 약속이 정해져 있다는 것을 알려주어야 한다.

민지는 아기 때 부산한 아이였다. 아빠와 엄마는 민지를 데리고 외식을 하기로 하고 고깃집에 데리고 갔다. 맛집이라고 소문난 집이라서 기대에 부풀어 종업원에게 음식을 주문했다. 아빠가 무서운 표정으로 민지에게 말했다.

"민지야, 밥을 먹어야 하니까 얌전히 앉아 있어야 한다."

민지는 음식점 안의 모든 것이 신기했다. 만져보고 싶고 두드려보고 싶은 민지의 마음은 굴뚝같았다. 민지가 상 위에 있는 물컵을 쳐서 컵이 떨어지며 물이 쏟아졌다. 유아용 의자에 앉혔는데 가만히 있질 못하고 민지는 나오려고 애를 쓰고 있었다.

가만히 있으라고 해도 막무가내였다. 엄마가 의자를 잡으려고 하는 찰나 민지가 의자에 끼어 울고 있었다. 음식점 안은 사람들로 북적이고 시끄러웠다. 민지의 울음소리까지 한몫했다. 아빠는 표정이 안 좋아지더니 말했다.

"도저히 민지 데리고 밥을 먹기 힘들겠다. 나가는 게 낫겠어."

아빠는 민지를 들어 올려 안아서 서둘러 나갔다. 엄마는 미안하다는 말을 남기며 주문한 메뉴를 취소하고 황급히 나서야만 했다.

아이는 부모가 납득이 되지 않는 엉뚱한 행동과 말을 어릴수록 많이 한다. 비가 오는날 우산을 쓰고 걸어가는데 갑자기 아이는 횡단보도 앞에서 주저앉아 우산을 팽개쳐둔 채로 막무가내로 비를 맞고 있는 때도 있다. 빗물이 고인 웅덩이에 가서 첨벙거리며 즐거워한다면 부모는 이해가 되지 않는다. 호기심이 발동한 아이는 부모의 표정을 즐길 수도 있다.

엄마 : 비가 오는데 우산을 안 쓰면 감기 걸릴 텐데.

아이 : 비를 갑자기 맞아보고 싶어요.

엄마 : 그래도 엄마는 걱정되는데….

아이 : 엄마도 우산 치우고 비를 맞아봐요. 시원해요.

엄마 : 무슨 생각을 하고 있는지 알 것 같아. 그런데 엄마가 너를 더 이해하고 싶은데…. 왜 이런 행동을 하는지 설명해줄 수 있어?

아이는 대답 대신 깔깔대고 웃으며 즐거워한다. 부모가 이해할 준비가 되어 있느냐 없느냐에 따라 아이가 창의적인 아이로 자라는 데 영향력을 끼칠 수 있다.

피그말리온 효과 [Pygmalion effect]

그리스 신화에 나오는 조각가 피그말리온의 이름에서 유래한 심리학 용어이다. 조각가였던 피그말리온은 아름다운 여인상을 조각하고, 그 여인상을 진심으로 사랑하게 된다. 매일 같이 여인상이 사람이 되기를 갈망하는 피그말리온에게 감동한 신은 여인상에게 생명을 주었다. 이처럼 피그말리온 효과는 타인이 나를 존중하고 나에게 기대하는 것이 있으면 기대에 부응하는 쪽으로 변하려고 노력하여 기대한 대로 이루어지는 것을 의미한다.

창의적인 아이로 키우기

가정에서는 부모가 자신의 아이에게 긍정적인 기대를 표현하고 꾸준히 칭찬해주고 격려해주는 것이 중요하다. 아이의 행동과 생각에 대해서는 놀람과 기쁨을 적극적으로 표현해주는 것이 좋다. 부모와 아이가 긍정적인 감정을 나누고 대화를 나눈다면 이후의 대화는 편안해진다.

아이가 어릴수록 자기 생각을 논리적으로 풀어내는 것에 익숙하지 않다. 아이들에게 부모가 먼저 창의적 격려자가 되는 것이 중요하다. 창의적인 아이로 키우는 방법은 아이 스스로 생각할 수 있는 여지를 남겨놓을 때 창의력이 자라게 된다. 창조는 칭찬이나 격려를 바탕으로 자라나게 되므로 부모가 스스로 창의적인 격려자가 되어서 실천해야 한다.

서점이나 도서관에 가면 부모들을 위한 육아 관련 책이 많이 나와 있다. 어떤 방식을 적용할까 하는 문제가 훈육과 교육에 열성적인 엄마들에게 어려운 과제이다. 책에 나온 방식대로 남들이 하는 방식대로 무조건 따라 하기보다는 내 아이에게 맞는 훈육과 양육 방식이 필요하다. 내가 아이로부터 이끌어내고 싶은 것과 변화시키고 싶은 것을 정해야 한다. 한꺼번에 너무 많은 욕심을 부리면 행동으로 옮기기 어렵다. 부모는 아이의 문제를 해결하고 싶어 육아법에 제시된 구체적인 방법을 따라 하게 될 수도 있다. 조심해야 할 부분이다.

아이를 훈육하고 양육하는 방법을 성공으로 이끌어낸 부모들에게는 분명한 양육의 철학이 있다. 남들을 따라 하는 것이 아니라 아이의 마음을 움직일 수 있는 자신만의 훈육과 양육 기준을 세워 원칙을 정해 실천한다. 내 아이를 공부해야 내 아이를 알게 된다. 훈육은 어려운 것이 아니다. 부모가 자신감을 가지고 내 아이가 할 수 있는 것과 아이가 필요로 하는 것을 알 수 있어야 하고 아이의 변화에 대한 확신이 생긴다면 훈육이 어렵다는 부담을 덜어낼 수 있게 된다. 내 아이를 한 발짝 떨어져 관찰하는 세심함이 필요하다.

아무리 노력해도 훈육에 실패하는 이유

용기란 두려움이 없는 것이 아니라 두려움에 맞서고 정복해내는 것이다.
- 마크 트웨인 -

내 아이 들여다보기

자신의 아이를 가장 잘 아는 사람은 부모다. 성장 과정을 지켜봐 온 사람이 부모이기 때문이다. 부모의 영향력은 아이의 인생과 삶의 성장을 좌우한다. 부모의 말, 행동과 태도, 그리고 부모의 삶의 방식에 따라 아이는 살아가야 할 방향이 달라진다.

부모와 아이가 양치질해야 할 경우의 예를 들어보면,
"양치해라."라고 직설적으로 말하는 것보다 암시를 주는 것이다. 슬며시 던져주는 메시지를 전달하면 아이는 더 잘 받아들이게 된다. 부모가 양치질하는 것에 대해서 실제로 느낀 점을 전달해주는 것이 더 큰 영향력을 발휘하게 된다.

"엄마는 후회가 돼. 어렸을 때 양치질을 잘했더라면 썩은 이가 없고 건강한 치아를 가졌을 텐데."라고 말하면 아이는 직설적으로 말했을 때보다 더 잘 받아들이게 된다.

엄마는 아이가 젖먹이였을 때 아이의 삶에 깊게 관여한다. 임신 상태이거나 갓 태어난 아이를 품에 안고 아이와 일심동체가 되는 것이다. 아이와 밀착하여 일심동체가 되기 위해서 모든 것을 공유한다. 밤이 되어도 잠들지 못하거나 새벽에 잠을 자다가 깨게 되어도 엄마는 금방 알아듣고 깨어난다. 아기를 위하여 모유 수유를 하거나 분유를 먹인다. 아기를 안고 등을 토닥여 주고 기저귀를 갈아주는 일이 하루에도 수차례 반복된다.

엄마는 수시로 기저귀를 살핀다. 대변을 보거나 냄새를 맡고 색깔이나 형태까지도 확인한다. 엄마이기 때문에 가능한 일이다. 자신의 아이가 아니라면 쉽게 할 수 없는 일이다. 아이가 아기 때에는 조금만 불편해도 운다. 배가 고파서 보채고 졸려도 보채고 덥거나 추워도 보채고 모든 자극이 아기에게는 불편한 것이다. 아이의 호소는 살아 있다는 증거다. 엄마는 늘 아기 곁에서 돌본다. 엄마의 마음은 온통 아기에 대한 사랑으로 가득하다.

박경철의 『시골 의사 박경철의 자기 혁명』에는 이런 내용이 나온다.

"우리가 태어나는 순간에는 이성은 전혀 존재하지 않는다. 아기는 욕망에 따라 움직인다. 즉, 인간은 태어날 때는 아무것도 모르지만, 차차 눈을 뜨고 귀가 열리면서 엄마가 말하는 '지지'나 '안 돼' 같은 '금지'를 먼저 배우게 되는데 그것은 아이가 위험을 모르기 때문이다.

아이는 호기심 가득한 욕망으로 불에 다가가거나 칼을 만지려고 하므로 금지를 먼저 가르치게 되는 것이다."

이것이 교육의 출발이다. 유아 그림책 중 『안 돼, 데이비드!』가 베스트셀러가 된 이유다. 이 시기의 교육은 대개 원초적인 위험을 자각하고 몸에 습관이 배도록 하는 것이다. 물론 어린 시절의 금지가 지나치면 억압과 죄의식으로 발전해 평생 괴롭히는 콤플렉스가 되기도 한다. 아기가 자라 약 8세가 되면 정규 교육을 받는다. '학교'라는 울타리에 들어가 작은 '사회'를 배우는 것이다.

부모의 사랑으로 성장하는 아이

아이의 성격과 인성을 결정하는 데 있어서 부모의 관심과 보살핌이 있어야 한다. 아이는 보살핌과 관심이 없으면 제대로 생존할 수 없으므로 끊임없이 엄마를 탐색한다. 엄마의 냄새를 맡고 눈을 맞추고 웃고 울고 안아달라는 몸짓을 하며 엄마에게 기어가거나 보챈다.

아이의 마음과 몸을 지키기 위해서 꾸짖거나 훈육할 필요가 있을 때 엄하게 다스리고, 반대의 상황에서 애정을 표현해줘야 할 때가 오면 부모는 조건 없는 말과 행동으로 표현해주어야 한다.

아이에게는 조건 없는 사랑을 쏟아주어야 한다. 아이가 예의 바르고 친절하게 행동했을 때 엄마는 진심을 담아서 칭찬해주어야 한다. 그리고 아이에게 자주 웃어주어야 한다. 아이에게 세상의 나쁜 이면을 보여주지 않으려고 해서 실패한다. 아이에 대한 지나친 걱정으로 걱정이 될 만한 것을 부모가 미리 예방해주면 아이는 회복 탄력성이 없어진다. 어른이 되면 실패를 두려워하게 되고 새로운 일에 도전하지 못하게 된다.

아이에게 세세한 규칙을 정해서 아이를 옭아매게 된다면 부모만의 프레임 안에 가두게 되는 것이다. 엄마는 항상 험상궂은 표정을 짓고 기상 시간, 취침 시간, 밥 먹는 시간, 식사에 대한 예절, 어른에게 인사하는 방법, 말할 때 사용해서는 안 되는 단어 등 그 외에도 매사에 규칙을 정해서 벌을 주게 되면 아이는 신경증을 앓게 될 수도 있다.

양육은 부부가 함께해나가야 한다. 아이가 아빠와 많은 시간을 보내고 애착 관계가 잘 형성된 아이가 사회성 발달이 빠르다고 알려져 있다. 엄마가 아이에게 책을 읽어주거나 정적인 행동에 머물러 있다면 아빠는 아이와 스포츠를 한다거나 놀이를 하게 되는 활동적인 움직임이 많고 놀아주게 되므로 아이의 뇌에 신선한 자극을 주게 되고 신체발달에도 좋은 영향을 미치게 된다.

아빠가 회사에서 일하고 들어와 피곤한데 아이가 자꾸 놀아달라고 보챈다면 아이에게 이해를 구하는 것이 좋다.

"오늘은 아빠가 조금 힘이 들어서 피곤한데 다음에 놀아주면 안 될까?"

아이가 막무가내로 아빠의 말을 듣지 않고 계속 놀아달라고 한다면 아빠는 시간을 정해두자.

"자, 그럼 40분만 놀도록 하자."

이렇게 시간을 정해 놀아주면 된다. 아이의 요청을 받아들이고 시간을 정해둠으로써 사람과의 시간에 있어서 타협과 절충의 기술을 가르치면 된다.

아이가 울 때 비난하는 말을 하면 안 된다. 아이에게 상처를 주기 때문에 아빠와 엄마가 같이 야단을 치거나 비난하면 안 되는 것이다. 엄마에게 야단맞고 울고 있는데 아빠도 같이 야단을 친다면 실패한 훈육이다. 아빠가 엄마에게 야단맞고 울고 있는 아이에게 다가가 "엄마한테 혼나서 마음이 슬프구나." 하며 다가가서 위로해주어야 한다. 아이를 안아 주면 더 좋다. 슬픈 감정을 위로해주고 달래준다면 아이는 치유가 된다.

아이가 질문을 할 때도 즉시 관심을 보여주어야 한다. 질문하면 가능한 바로 대답해주는 것이 중요하다. 답변을 바로 해주는 것이 아이의 학습에 대한 의욕을 높이고 이해력을 돕기 때문에 성의 있는 답변과 애정이 필요하다. 책을 읽어줘야 하는 상황에서도 동화책에 나오는 주인공의 감정 상태를 설명해주고 아이가 우울해 하거나 슬퍼할 때 자신의 감정 상태를 말로 표현할 기회를 주어야 한다. 그리고 표정이나 몸짓 같은 비언어적 행동을 지양하며 적절하게 표현하는 연습을 시켜야 한다.

아이들은 부모의 말에 많은 영향을 받는다. 엄마가 "안 돼.", "하지마.", "위험해."라는 부정적인 말을 많이 사용하게 되면 아이도 "싫어요."라는 말로 반응을 하게 된다. 아이에게 금지의 표현보다는 "~하면 어떨까?" "~해줄 수 있어?"라는 권유의 말로 바꾸면 아이는 부정적인 말로 하지 않게 된다.

아무리 노력해도 훈육에 실패하는 이유는 소개된 사례처럼 엄마가 아이에게 부정적인 말을 자주 하거나 지시하거나 명령을 하고 장황하게 설교를 늘어놓게 되는 경우다. 다른 아이와 비교해도 안 된다. 칭찬은 여러 번, 꾸중은 한 번만 해야 한다. 아이에게는 질문과 반응도 바로 해주어야 한다.

이 럴 땐 이 렇 게 , 육 아 필 살 기 !

공공장소에만 가면 떼쟁이가 돼요!

아이가 떼를 쓸 때는 들어줄 만한 것이면 바로 들어주고, 절대 안되는 일이면 들어주지 않는 결단력 있는 부모의 태도가 필요하다.

첫 번째, 위험하지 않은 요구는 적당히 들어줍니다. 엄마의 잦은 '안 돼'는 아이의 의욕을 무너뜨리고 아이를 떼쟁이로 만든다. 단, 절대로 안 되는 것에 때를 쓰면 처음에는 부드럽게 타이르고 계속 떼를 쓰면 단호하게 안 된다는 것을 표현한다.
두 번째, 떼를 쓰는 것이 지나쳐 뒹굴거나 물건을 던지면 위험한 물건을 치우고 일단을 지켜본다. 그래도 계속 떼를 쓰면 아이를 안고 그 자리를 아주 피해버린다.
세 번째, 아이가 마음을 가라앉히면 아이를 안아주고 잘못에 대해 인정하도록 침착하게 타이른다.
네 번째, 떼를 쓸 때 관심을 돌리기 위해 장난감을 사준다고 약속하는 것은 절대 안 된다. 아이가 떼쓰는 일을 횡재하는 일이라 생각하게 되어 안 좋은 결과를 초래한다.

출처 : 『신의진의 아이 심리백과』, 신의진, 갤리온 출판사

세상에 완벽한 부모는 없다

당신이 뛰어난 거짓말쟁이가 아니라면, 진실을 말하는 것이 언제나 가장 좋은 방책이다.
- J. K. 제롬 -

아이와 대화하는 방법

아이가 만 2살에서 4살 무렵 사이에는 도덕적 판단을 키우기 시작하는 시기라고 한다. 아빠와 엄마는 육아에 대한 의견이 다르더라도 일관된 판단 기준을 아이에게 가르쳐주는 것이 좋다. 첫돌 전후의 아이가 실수하게 되면 어리기 때문에 바지에 오줌을 싸거나 밥 먹을 때 그릇과 숟가락을 떨어뜨리거나 물건을 망가뜨리고 물건을 제자리에 가져다 놓으라고 했는데 그대로 들고 있거나 하다면 말을 제대로 알아듣지 못했기 때문에 생길 수 있는 자연스러운 실수다.

아빠와 엄마는 혼을 내거나 화를 내면 안 된다. 반복해서 바람직한 행동을 기르쳐주어야 한다. 부모가 말로 하는 것이 아니라 직접 몸으로 행동하고 경험하게 해주는 것이 더 효과적이다. 아이와 대화하는 효과적인 방법에 대해 알아보면

첫 번째, 아이에게 말할 때 아빠와 엄마가 자신감을 가져야 한다.

두 번째, 아이와 눈높이를 맞춰 눈을 맞추며 이야기해야 한다.

세 번째, 아이가 떼를 쓰더라도 중립적이면서 차분하게 침착함을 유지해야 한다.

네 번째, 아이에게 간결하게 말하면서도 구체적으로 설명해주어야 한다.

아이에게 훈육할 때는 엄마가 소리를 지르는 것보다는 속삭여주는 게 효과적이라고 한다. 아이가 이해하기 쉽게 구체적으로 말하면서 설명해주는 것도 좋다.

첫아이를 임신했던 2000년 9월 6일 아침, 만삭이었던 나는 진통이 오는 것을 느끼며 라마즈 호흡법을 떠올리며 침대 위에 누워 있었다. 분만장으로 옮길 준비를 마치고 식구들과 떨어져서 일반 침대에서 분만장 침대로 옮겨가는 중이었다. 몸이 무거워 부축을 받지 않으면 옮기지 못하는 상황이었다. 간호사들의 도움을 받아 간신히 몸을 추스르며 옮기는데, 팔이 침대와 침대 사이에 끼어 있는 상태가 되었다.

미처 얘기할 사이도 없이 간호사들도 서둘러서 나를 밀듯이 다른 침대로 옮겨주었다. 진통 간격이 좁혀져 오는 상황에서 간호사들도 정신없이 나를 옮겨주다 내 오른팔이 침대와 침대 사이에 빠진 줄도 모르고 옮기려고 분주했다. 진통 때문에 정신이 없던 나는 배도 아프고 팔도 아파 얘기를 해야 하는데 목소리가 나오지를 않았다. 아기가 나오려고 하는 찰나 분만장에서 침대 위에 누웠는데 오른팔과 어깨가 잘린 것처럼 아파져 왔다. 진통의 통증과 팔의 통증이 동시에 찾아오니 정신이 없었다. 정신이 없는 와중에도 간호사에게 간신히 말했다.

"간호사님 팔이 너무 아파요."

간호사가 내 머리 위에서 팔을 만져보더니 말했다.

"산모님, 저…."
"팔이 아파요."

의사와 간호사가 말을 잇지 못하고 더듬거렸다

"산모님, 팔이 빠졌는데…. 일단 아이를 받고 다시 끼워드릴께요."

나는 진통이 오는 와중에도 간호사와 의사가 주고 받는 대화를 들었다. 산모의 팔이 빠졌다고 황당해하는 말이었다. 이후 건강한 아이가 태어났다.

딸아이를 출산한 후에 분만장에 누운 채로 정형외과 의사의 진료를 받았다. 엑스레이를 찍고 확인한 후에 어깨 탈골이라고 하며 팔을 끼워 맞춰주었다. 산후조리 병실에서 몸조리할 때도 한쪽을 깁스한 채 젖몸살을 하면서 모유 수유를 해야 했다.

산후조리를 하면서도 깁스한 산모라고 주변 사람들이 동정의 눈빛을 보내기도 했다. 간호사들의 실수로 나는 고통스럽고 힘든 시간이었다. 몸조리를 도와주시는 친정엄마께 본의 아니게 죄송했었다. 웃지도 울지도 못할 사건으로 기억되는 나의 출산기였다.

성장하는 부모와 아이

류시화의 『새는 날아가면서 뒤돌아보지 않는다』에는 다음의 내용이 소개되고 있다. 배가 열리기 원하지만, 사과가 열리는 경우는 허다하다. 삶에서 일어나는 대부분의 고통은 마음속에서 상상한 배와 현실의 사과가 일치하지 않을 때 일어난다. 누구에게나 일어나는 그 사건들을 우리는 즉각적으로 개인화시키고 감정을 투영한다. 일어난 일이 아니라 일어난 일에 대한 우리의 해석이 우리를 더 상처 입히는 것이다. 고통으로부터의 자유는 문제로부터의 해방이 아니라 문제를 더 복잡하게 만들지 않는 마음에서 온다.

밖에서 날아오는 화살은 피하거나 도망치면 그만이다. 그러나 자기 안에서 스스로에게 쏘는 화살은 피할 길이 없다. 정신에 가장 해로운 일이 '되새김'이다. 마음속의 되새김은 독화살과 같다. '문제를 느끼는 것은 좋다. 그러나 그 문제 때문에 쓰러지지는 말라.'라는 말이 있다. 첫 번째 화살을 맞는 것은 사실 큰일이 아니다.

그 화살은 우리의 선택에 달린 것이 아니기 때문이다. 첫 번째 화살 때문에 자신에게 두 번째 화살을 쏘는 것이 더 큰 일이다. 이 두 번째 화살을 피하는 것은 마음의 선택에 달려 있다. 외부의 일에 자신의 삶을 희생하지 않겠다는 강한 의지이다. 자신이 원치 않는 일들이 일어날 때마다 이것을 기억해야 한다.

'나는 나 자신에게 두 번째 화살을 쏠 것인가?'

일본의 엄마들은 어려서부터 체력을 가장 먼저 키워야 할 자산으로 생각한다. 그래서 바깥에서 뛰고 몸으로 노는 것을 중시한다. 겨울에도 맨발에 반바지를 입혀 하체를 강화하는 것이 도움이 된다고 믿는다. 운동은 일상에서 아이들이 마음의 근육과 체력을 키울 수 있는 가장 좋은 습관이다.

아이에게 성공의 씨앗을 심어주기 위해서는 부모가 아이의 존재를 인정하고 사랑하고 있음을 느끼게 해주어야 한다. 아이의 몸과 마음을 지쳐주기 위해서 꾸짖거나 혼낼 필요가 있을 때에는 엄하게 다스리고, 사랑을 표현해야 할때는 부모의 애정을 말과 행동으로 전달해주어야 한다. 아빠와 엄마의 사랑을 피부로 느끼게 되면 아이는 자신에 대한 자존감도 높아지며 자신을 사랑하게 되는 출발점이 된다.

다음은 부모가 아이에게 절대 해서는 안 될 행동들이다. 부모의 행동과 말에 일관성이 없는 경우, 아이에게 생긴 문제를 모르는 체하거나 내버려 두는 경우, 아빠와 엄마가 시간에 대한 계획성도 없고 무계획적이며 일을 뒤로 미루는 습관인 경우, 감정에 따라서 아이를 대하는 경우 등이다.

세상에 완벽한 부모는 없고 완벽한 아이도 없다. 나쁜 부모는 있어도 나쁜 아이는 없다고 한다. 부모가 자신의 사고와 감정, 행동을 제어하여 본인의 인생을 조절한 후에 아이와 같이 성장하는 부모가 되어야 한다.

0~3세를 위해 추천하는 그림책

『보송보송 개운해!』, 조은수, 한울림어린이

『첫 두뇌개발 초점책』, 삼성출판사 편집부, 삼성출판사

『우리 엄마』, 앤서니 브라운, 웅진주니어

『사랑해 사랑해 사랑해』, 로제티 슈스탁, 보물창고

『나도 나도』, 최숙희, 웅진주니어

『우리 몸의 구멍』, 허은미, 길벗어린이

『엄마가 사랑해 아빠가 사랑해』, 차보금, 삼성출판사

『무엇이 보이니』, 이주희, 한림출판사

『사과가 쿵』, 다다 히로시, 보림출판사

『달님 안녕』, 하야시 아키코, 한림출판사

『깜짝깜짝! 색깔들』, 척 머피, 비룡소

『누가 내 머리에 똥쌌어?』, 베르너 홀츠바르트, 사계절

『괜찮아』, 최숙희, 웅진주니어

『강아지똥』, 권정생, 길벗어린이

『울지 말고 말하렴』, 이찬규, 애플비

『구름빵』, 백희나, 북하우스

『콧구멍을 후비면』, 사이토 타카코, 애플비

상처 주지 않고 따뜻하게 다가가는 법

우리가 무슨 생각을 하느냐가 우리가 어떤 사람이 되는지를 결정한다.
- 오프라 윈프리 -

대화의 1,2,3 법칙

아이를 양육하는 데 있어서 부모에게는 아이를 이해하려는 따뜻한 마음이 우선되어야 한다. 부모가 되면 어렸을 적의 부모와의 관계에서 비롯된 경험들을 현재로 가져와 내 아이를 양육하면서 무의식이거나 의식적으로 참조하여 아이를 키우게 된다.

자신의 유년 시절을 돌아보면서 자신의 아이를 키우는 경험을 하게 된다. 아이를 키우는 부모들은 자신의 경험을 되돌아보면서 힘들고 속상했던 일에 대하여 생각해보게 된다. 아이를 키우면서 내가 부모를 알아야 내 아이를 제대로 돌볼 수 있게 된다.

대화의 1, 2, 3 법칙이 있다. 아이와 친해지고 싶다면 제일 먼저 해야 할 것은 '공감적 경청'이다. 공감하며 경청하는 것이야말로 가장 좋은 듣기 습관이다. 공감적 경청은 주의 깊게 듣는 것은 물론이고 적절한 반응을 보이는 것까지 포함하는 말이다.

"아, 그랬구나. 그래서 어떻게 됐는데? 저런. 정말 속상했겠다!" 하고 아이의 이야기에 적극적으로 공감하고 맞장구쳐주는 것이다. 아이가 다친 일을 말하면 "아이고, 아팠겠네!" 하고, 아이가 신이 나서 이야기를 하면 "우와 멋진데." 하는 등 그때마다 주의 깊게 듣는다. 슬프면 같이 슬퍼해주고, 기쁘면 같이 기뻐해주며 감정을 공유하는 것이 바로 공감적 경청이다.

'대화의 1, 2, 3 법칙'은 1분만 말하고, 2분 이상 들어주며, 3번 이상 맞장구치라는 것이다. 이 역시 공감적 경청의 중요성을 강조한 법칙이라 할 수 있다. 부모가 공감적 경청의 자세를 익혀 대화의 '1, 2, 3 법칙'을 잘 실천하면 아이와의 관계는 분명 달라진다. 부모의 이해와 사랑을 받고 있다고 믿으면 아이는 누가 시키지 않아도 자신의 현재 상황에 관해 이야기하게 된다.

아이에 대한 화를 피하는 방법을 알아보면 아이 때문에 자꾸 화가 날 때는 우선 그 상황을 피해보자. 다른 곳을 쳐다보면서 열 번만 심호흡하고 "내 뇌를 살리자."라는 주문을 외운다. 15초만 지나면 분노의 호르몬이 대부분 없어지기 때문에 그 순간이 오도록 기다리면 된다. 어릴 때부터 자기 감정을 관리하고 조절하는 지혜를 가르쳐야 한다. 분노 조절은 나와 남을 보호하는 "생존 기술"이다.

류시화의 『새는 날아가면서 뒤돌아보지 않는다』에는 이런 이야기가 나온다.

"사람들은 왜 화가 나면 소리를 지르는가?"

"사람들은 화가 나면 서로의 가슴이 멀어졌다고 느낀다. 그래서 그 거리만큼 소리를 지르는 것이다. 소리를 질러야만 멀어진 상대방에게 자기 말이 가닿는다고 여기는 것이다. 화가 많이 날수록 더 크게 소리를 지르는 이유도 그 때문이다. 소리를 지를수록 상대방은 더 화가 나고, 그럴수록 둘의 가슴은 더 멀어진다. 그래서 갈수록 목소리가 커지는 것이다."

스승은 처음보다 더 크게 소리를 지르며 싸우는 남녀를 가리키며 말했다.

"계속해서 소리를 지르면 두 사람의 가슴은 아주 멀어져서 마침내는 서로에게 죽은 가슴이 된다. 죽은 가슴엔 아무리 소리쳐도 전달되지 않는다. 그래서 더욱더 큰 소리로 말하게 되는 것이다."

아이에게 자존감 심어주기

민교는 차에 대한 욕심이 많다. 바퀴가 달린 기계나 차에 대해서 호기심이 왕성해서 신기하기도 했다. 진로를 생각할 만큼 아빠와 엄마는 진지했다. 하루는 대형할인점에 민교를 데리고 갔다. 카트를 끌고 장을 보고 있는데 민교는 자동차 장난감 앞에서 떠나지를 않고 구경하고 있었다. 이것저것 사달라고 조르는 민교 앞에서 사람은 자기가 가지고 싶은 것을 다 가질 수 없다고 설명하면서 자리를 옮기려고 했다.

민교는 갑자기 떼를 쓰면서 울기 시작했다. 달래고 설명해도 소용이 없었다. 지나가는 사람들이 힐끗힐끗 쳐다보고 인상을 쓰는 사람도 있었다. 시간이 지나도 민교가 말을 듣지 않자 아이를 내버려 둔 채 엄마만 아이를 볼 수 있는 곳으로 이동했다. 아이는 울음을 그치지 않고 바닥에 드러누운 채 발버둥을 치며 온몸으로 울었다.

멀리서 바라본 민교는 엉망진창이었다. 얼굴은 눈물범벅이고 목소리에서는 쉰 소리가 나서 꺽꺽거리고 있었다. 마트 직원이 놀라서 다가오는 것이 보였다. 엄마는 마트 직원을 저지하며 자신이 엄마라고 설명한 후에 잠깐 기다려 달라고 부탁했다. 얼굴이 화끈거렸지만, 울음을 그친 아이는 두리번거리기 시작했다. 갑자기 조용해진 민교가 엄마를 찾는 것이 보였다. 그때 엄마는 아이에게 가서 다 울었냐고 물어보았다. 민교는 슬픈 눈으로 고개를 끄덕거렸다. 손을 잡고 상황을 다시 설명해준 후에 아이스크림을 사주며 민교를 데리고 마트를 나섰다. 사달라는 대로 해달라는 대로 해주면 안 된다는 이유를 집에 돌아와서도 말해주었더니 이해를 했다.

초보 엄마는 공공장소에서 아이가 막무가내로 떼를 쓰면 당황하게 된다. 아이가 공공장소에서 떼를 쓰면 즉시 집으로 와야 한다. 마음을 단단히 먹고 실천해야 한다. 아이가 떼를 쓰게 되면 급한 마음에 아이의 요구를 들어주게 된다. 그러한 상황에서는 아이의 요구를 들어주는 대신 떼쓰는 아이를 무시한 채 자리를 뜨는 것이 좋다. 아이를 데리고 여러 군데를 돌아다니며 훈련할 기회를 얻어봐야 한다. 이 방법을 여러 번 반복하다 보면 어느 정도 효과를 거둘 수 있게 된다.

아이가 떼쓰기로 계속해서 징징거리면 아이 말에 대꾸하지 않는다고 해결되는 것은 아니다. 아이가 칭얼거리며 매달리더라도 표정이나 몸짓으로라도 반응을 보이지 않아야 한다. 아이는 자신의 떼쓰기와 칭얼거림으로 부모의 주의를 끌거나 힘을 발휘할 수 있다고 생각하고 있다. 아이의 행동을 조절할 수 있는 환경의 장소라면 일절 반응하지 않는 것이 중요하다.

부모가 공격적이고 감정의 변화가 심하고 짜증을 많이 낸다면 아이의 태도를 바꾸기 전에 자신의 태도부터 바꾸는 노력을 해야 한다. 아빠와 엄마는 아이가 만나는 제일 중요한 인물이다. 처음의 세상을 부모를 통해서 배우게 된다. 아이에게 말을 할 때 거친 말을 쓰지 않고 비난하거나 상처를 주는 말을 지양하고, 상대방을 존중하면서 온화하게 말하는 방법을 지향해야 한다.

아이에게 자존감을 심어주도록 노력해야 한다. 가정에서도 집안일을 통해 아이에게 소속감과 정체성을 느끼게 해주어야 한다. 엄마가 아이에게 집안의 빨래 개기, 옷을 벗은 뒤에 빨래 바구니에 넣기, 장난감 치우기, 엄마 심부름하기 등 집안일을 부탁하고 한 일에 대하여 칭찬을 해주면 아이는 소속감을 느끼게 된다. 아이는 가족에 대한 자신의 소중함을 확인하게 된다. 집안일을 돕는 아이의 행동은 아이의 정체성을 확인하는 좋은 방법이다.

아이에게 상처를 주지 않고 '나를 필요로 하고 있구나.'라는 느낌은 아이의 마음을 따뜻하게 해주는 방법이며 아이가 가족의 일원으로 소속감을 느끼게 되어 행복함을 준다.

이 럴 땐 이 렇 게 , 육 아 필 살 기 !

모든 것을 우는 것으로 해결해요!

돌이 지난 아이는 자기가 무엇을 하고 싶거나 갖고 싶을 때 울음으로 해결한 경험이 있을 경우, 무엇을 원할 때마다 계속해서 우는 방법을 선택한다. 또 제멋대로 하고 싶지만 자신이 없거나 어른에게 기대고 싶은 마음을 울음으로 표현하기도 하며, 의사표현이 제대로 안 되는 것에 스스로 화가 나서 울음을 터트린다.

만일 위험하거나 남에게 해가 되는 요구를 들어 달라고 떼를 쓰며 운다면 일단 '안 된다'는 경고를 해야 한다. 그래도 울면 아이의 시야를 벗어나지 않는 범위 내에서 한 걸음 떨어져 가만히 지켜봐야 한다. 울어도 안 된다는 것을 알게 되면 아이 스스로 방법을 바꾸게 된다.

무언가를 하고 싶은데 제 뜻대로 안 됐을 때에도 아이는 운다. 아이가 뭔가를 하고 싶어 울음을 터트리면 무조건 혼내고 말리기보다 아이가 그것을 스스로 해볼 수 있도록 도와줘야 한다. 이유없이 엄마에게 다가와 칭얼거린다면 그것은 엄마에게 의지하고 싶다는 마음의 표현이다. 한 번 더 인내하고 따뜻한 대화, 눈 맞춤, 포옹 등으로 아이 마음을 편안하게 해주어야 한다.

아이는 감정에 대한 표현력이 미숙하다. 운다고 혼낼 것이 아니라 어떤 말이 하고 싶은지, 원하는 것이 무엇인지 차근차근 물어봐야 한다. 굳이 말이 아니어도 아이가 손짓이나 표정 등으로 의사 표현을 할 수 있도록 도와주어야 한다.

출처 : 『신의진의 아이 심리백과』, 신의진, 갤리온 출판사

제대로 된 훈육, 아이가 달라진다

아무 하는 일 없이 시간을 허비하지 않겠다고 맹세하라.
우리가 항상 뭔가를 한다면 놀라우리만치 많은 일을 해낼 수 있다.
- 토마스 제퍼슨 -

제대로 된 훈육하기

민지네는 부부 동반으로 세 집이 모여서 여행을 갔는데 아이가 둘씩 모두 여섯 명이었다. 민지네와 은빈이네, 나연이네 아빠들끼리 동창이라 친분이 두터웠다. 아빠들의 친분은 두터웠지만, 부인들과 아이들은 서로 어울리기 위해 노력했다. 아이들이 여행지에 도착해서 자연스럽게 어울리며 놀고 있었다. 유독 민지는 예외였다.

엄마가 민지를 두고 화장실이라도 가면 바로 울음을 터트렸다. 터뜨리는 울음 때문에 분위기가 불안해졌다. 엄마가 자리를 비웠다가 되돌아와도 민지는 쉽게 안정을 찾기보다는 엄마에게 화를 내거나 매달리고 칭얼댔다. 엄마가 무슨 다른 곳을 보거나 일을 하려고 해도 민지는 엄마에게 투정을 부렸다.

아이에게는 껌딱지라는 별명이 붙었다. 엄마에게 과도하게 집착하는 민지 때문에 공동으로 같이 식사 준비를 하거나 치워야 하는데 민지 엄마는 민지만을 코알라처럼 안고 있는 모습이었다. 일부러 아이를 핑계대고 일을 돕지 않는 것처럼 보일까 봐 민지 엄마는 설거지하거나 음식을 하려고 했지만 다른 사람들이 일부러 말렸다. 민지나 챙기라고 했다.

엄마에게 집착하고 불안정한 모습을 보이면서 아이는 절대로 엄마와 떨어지지 않으려는 듯 꼭 붙어 있었다. 아이를 밀어내고 나서 미안해하거나 지나치게 잘해주기를 반복한다. 엄마의 기분이 좋으면 아이를 잘 대해주고 엄마의 기분이 나쁘거나 좋지 않으면 짜증을 낸다.

기분의 기준이 엄마에게 맞추어져 있으므로 아이는 불안해한다. 아이는 자신이 원하는 것을 받아내기 위하여 악을 쓰며 매달린다. 엄마의 행동과 기분에 영향을 받고 있기 때문에 엄마를 알지 못하는 부분을 불안해 하고 초조해하면서 떼를 쓰게 된다.

데이비드 시버리의 『걱정 많은 당신이 씩씩하게 사는 법』(홍익출판사)에서 식물학자들은 모든 씨앗은 발아하기 전에 성장의 방향을 세심하게 구상한다고 말한다. 씨앗에는 성장의 전체 계획을 담은 설계도가 담겨 있다는 것이다. 씨앗은 그 설계도대로 한 치 오차 없이 성장하여 뿌리와 줄기를 이루고, 열매를 맺는 일생을 살게 된다. 아주 작은 씨앗에도 이렇게 미래 설계도가 담겨 있는데, 만물의 영장이라는 우리는 이런 과정을 대수롭지 않게 여기며 살기 때문에 난관이 닥치면 금세 휘청거리고 원하지 않는 방향으로 추락하고 만다.

아이에게 부모의 신뢰를 전달할 때에는 아이의 '행동'에 초점을 맞추어야 한다. 아이가 막무가내로 떼를 쓰는 경우가 발생할 때, 잘못된 방법을 쓴 주체는 아이이며 그러한 결과 때문에 부모가 이러한 결정을 내렸다는 것을 아이에게 이해시켜야 한다. 그리고 아이가 다음 행동에서 더 나은 행동을 선택할 수 있도록 기회를 주어야 한다. '네가 더 나은 행동을 하리라고 믿는다.'라는 믿음을 주고 격려해주어야 한다.

EBS 〈아이의 사생활〉 제작팀의 『아이의 사생활 1』에 따르면, 아무리 아이를 열린 마음으로 존중한다고 해도 엄마가 잔소리해야 할 상황이 발생하지 않을 수는 없다. 그럴 때는 최대한 짧게 말한다. 보통 부모들은 아이의 잘못을 강조한다는 이유로 긴 잔소리를 늘어놓는데, 그러다 보면 아이의 자존감을 낮추는 말을 하기 쉽다.

"장남감 좀 정리해주겠니?"라고 말하면 될 것을 이렇게 길게 말해버리는 것이다.

"왜 이렇게 지저분해. 넌 항상 왜 이 모양이니? 엄마한테 반항하는 거야? 이렇게 놔두면 동생이 다칠 수도 있잖아. 당장 정리하지 못해. 아이고, 지겨워."

단점은 짧게, 장점은 길게 말하는 것이 아이를 존중하는 대화의 핵심이다.

부모가 아이에게 자기 관리의 모습을 보여주는 것이 중요하다. 매일의 규칙적인 생활 리듬인 건강한 식사, 충분한 수면, 규칙적인 운동 등은 아이의 심신과 건강에 안정을 가져다주는 방법이다. 아이에게 지속성을 알려주어야 한다. 1만 시간의 법칙처럼 집안일을 도우면 스티커칭찬 붙여주기라는 방식으로 노력을 하면 결과를 얻는다는 것을 알려주는 것이다.

아이의 잠재의식 속에 하루하루 노력하고 실력을 쌓는 지속성이 쌓이게 된다. 놀이나 공부숙제를 할 때 서툴거나 어중간하더라도 아이가 혼자서 하도록 두어야 한다. 예를 들면 유치원에 준비물을 잊어버리거나 지각을 하면 선생님께 창피를 당한다. 창피를 당해봐야 혼자 해야 한다는 것을 인지하게 된다. 매일 부담이 적은 집안일이나 숙제를 내주고 끝까지 연습시키는 것도 효과를 볼 수 있다.

우리 아이, 칭찬을 먹고 자란다

아이의 자존감을 높여주는 방법에는 아이를 무조건 칭찬하면 안 된다. 아무 때나 과장되게 칭찬하면 역효과가 오게 된다. 아이가 사소한 일로 계속해서 부모에게 칭찬받게 되면 정말 잘해서 칭찬받지 못했을 때 무력감에 빠지게 된다. 아이를 칭찬할 때는 구체적으로 '우와 벌써 장난감 정리를 다 했네. 스스로 정한 일을 잘 지켜서 엄마는 너무 기쁘다.'라며 마음을 담아서 '엄마는~'이라는 말이 주어로 들어가게 칭찬해야 한다. '좋아해.', '사랑해.'라는 말을 아이에게 많이 해줄수록 좋다. 아이에게 과도한 칭찬은 좋지 않지만, 애정 표현은 많이 하면 할수록 좋다. 아기 때부터 아이가 여덟 살 정도까지는 애정과 사랑을 아낌없이 많이 표현해주어야 한다.

아이에게는 항상 웃는 얼굴로 대하는 것이 좋다. 될 수 있으면 아이에게 웃는 얼굴을 보이게 되면 아이는 존재하는 것만으로 의미가 있다는 것으로 받아들이게 된다. 부모가 아이에게 해야 하는 역할은 자신의 규칙을 따르도록 돕고 아이가 흥미를 느낄 만한 것을 계속 보여주면서 스스로 목표를 찾도록 도와주는 것이다. 아이 스스로 선택하며 세우는 것이다.

조망 수용(perspective taking)이라고 부르는 기술을 어릴 때부터 가르쳐야 한다. 타인의 상황에 놓인 자신을 상상하는 것으로, 타인의 의도나,

태도 또는 감정, 욕구, 생각, 감정, 지식을 추론하는 능력이다. 피아제는 전조작기 아동(2~7세)들의 주요 특성으로 자아 중심성(egocentrism)을 제안하면서 이 시기의 아동들은 조망 수용 능력 발달이 미숙하다고 했다.

조망 수용을 배운 아이는 어른이 되어도 자연스럽게 타인의 감정을 이입해 깊게 공감하고 협력하게 된다.

아이에게는 일찍부터 책 읽기, 놀이, 산책, 이야기 등을 해주는 것이 좋은 방법이다. 스토리 텔링 기법은 '사회상황 이야기' 즉 사회적 상황을 해석하고 이해하는 데 도움을 줄 수 있는 개별화된 짧은 이야기이다. 아이가 예측할 수 없는 새로운 환경에서 불안해할 때, 상황에 대해서 어떻게 행동하면 되는지를 이야기를 통해 알려주는 방법이다. 아이가 앞으로 겪게 될 일을 예측할 수 있도록 도와준다. 이야기하는 습관을 들이게 되면 모든 것을 이야기로 가르칠 수 있게 된다고 한다.

부모가 산책하면서 아이와 함께 건널목 건널 때 빨간불에서는 서 있어야 하고, 초록 불에서 건너는 것이라고 이야기해주는 것이다. 아이에게 매번 설명해주었다. 사람이 걷는 모양이 그려진 초록불이 켜지면 건너는 것이고, 빨간불이 켜졌을 때는 건너면 안 된다고 설명해주었다. 제대로 된 훈육으로 아이를 바꿀 수 있다.

잘못된 훈육은 양날의 칼과 같다

많이 아는 사람이 말을 적게 하는 반면, 조금 아는 사람은 말을 아주 잘 하는 법이다.
- 장 자크 루소 -

카범클 이야기

배철현의『심연』에 따르면, 어미 거북이는 자신의 몸이 충분히 들어갈 수 있도록 모래를 파내 30㎝ 정도 깊이의 구덩이를 만든다. 그런 뒤 구덩이 속으로 들어가 머리만 모래사장 위로 삐죽 내놓고는 사방을 둘러본다. 칠흑같이 어둡고 고요한 해변의 모래사장 밑은 어미 거북이들의 발길질로 분주하다. 뒷지느러미로 더 깊은 구덩이를 파는 것이다.

알이 안주할 만큼의 공간이 마련되면 어미 거북이는 50에서 200여 개의 알을 낳는다. 알을 낳은 뒤엔 곧바로 모래로 둥지를 덮어놓는다. 맹금

류로부터 알을 보호하는 동시에 알의 점액이 마르지 않도록 적당한 온도를 유지해주기 위해서다. 세 시간여 동안 이 모든 과정을 마친 어미 거북이는 미련 없이 바다를 향해 떠나간다.

2개월쯤 지나면 모래 속에 있던 알들이 깨지기 시작한다. 알은 일정한 시간이 지나면 반드시 깨고 나와야 할 경계다. 신비롭게 새끼 거북이는 알 속에서도 생존을 위한 무기를 스스로 만들어낸다. '카벙클(carbuncle)'이라고 불리는 임시 치아가 그것이다. 새끼는 무작정 알 안에 안주하고 있다가는 금방 썩어 죽게 된다는 사실을 본능적으로 알고 있다.

새끼 거북이들은 '카벙클'로 알의 내벽을 깨기 시작한다. 내가 안주하고 있는 환경이 나의 멋진 미래와 자유를 억제한다면, 자신만의 카벙클을 만들어 그 환경에서 벗어나야 한다. 알의 내벽을 깨지 못한다면 새끼 거북이는 자신을 억누르고 규정하며 정의하는 환경을 세상의 전부라 여긴 채 빛 한 번 보지 못하고 그 안에서 죽음을 맞이하게 된다.

기대하는 만큼 아이의 자율성과 자존감을 높여주어야 한다. 단점보다는 장점을 부각시켜주고 부정적인 언어보다는 긍정적인 언어로 아이를 키워주자. 아이와 눈높이를 맞추면 공감할 수 있는 부분이 많아진다. 아이와 부모가 믿음과 신뢰를 바탕으로 좋은 관계를 쌓아나간다면 아이도 부모를 전적으로 믿고 따를 것이다.

사람은 태어날 때 '사람 사용설명서'를 가지고 태어나지 않는다. 옳고 그름을 스스로 판단하고 스스로 세운 원칙을 변화무쌍하게 많은 시행착오를 거치며 수정해가면서 살아야 한다.

초보 엄마가 육아를 배우는 과정은 아이가 공부하는 것과 비슷하다. 엄마는 아이에게 엄마가 더 옳다는 믿음을 가지고 있을 수도 있다. 사람은 누구나 자신이 옳기를 바라고 실제로 그렇다고 믿고 싶어 하는 경향이 있다. 아이가 떼를 쓰거나 엄마에게 대들 때 누가 옳고 틀렸느냐보다는 아이가 어떤 감정을 느끼고 있는지, 아이에게 공감해주는 것이 더 중요하다. 육아에 있어 중요한 것은 배움과 개선이다. 교육과 훈련을 통해 잘못된 부분을 찾고 고쳐나가는 것이 중요하다. 아이의 감정을 공감하고 이해하는 것부터 시작해야 한다.

육아에서도 어제의 나를 이기는 성장하는 마음가짐이 필요하다. 아이들이 원하는 목표를 정하고 이를 달성하기 위한 길을 찾아주도록 돕는 것이 부모의 자세다. 장애물을 넘을 기회를 제공하고 지지해주고 피드백을 주고 다시 노력할 수 있도록 격려해주어야 한다.

아이가 시행착오를 겪더라도 스스로 강해지는 경험을 하게 해야 한다. 이 모든 것은 부모의 사랑이 있어야 한다는 것이다.

아이가 문제에 직면했을 때 "어려움과 괴로움은 잠시일 거야. 영원하지 않단다."라고 말해준다면 아이는 기운을 차리게 될 것이다. 아이들은 괴로운 순간을 걱정하며 괴로운 순간이 계속될 것이라고 믿는 경향이 있다. 차나 비행기로 장거리 이동을 할 때 도착지까지 아이가 5분마다 "시간이 얼마나 남았어요?"라고 묻는 것이다.

지루함과 배고픔을 참지 못하는 것도 같은 이유 때문이다. 아이들은 순간에만 집중한다. 아이에게는 앞으로의 시간을 설명해주는 것이 필요하다. 앞으로 얼마나 신나는 일이 많이 일어날지 알려주어야 한다. 아이들은 지금과 미래를 따로 떼어 생각하지 못한다.

아이는 부모의 유형으로 미래가 좌우된다. 환경 조성형인가? 스스로 모델형인가? 인생 플래너형인가? 자율 중시형인가? 경험 중시형인가? 헌신형? 어디에 속하는지 스스로 정할 필요가 있다. 아이의 특별한 재능을 발견하고 아이가 재능을 통해 세상의 중요한 일을 할 수 있는지 가르쳐야 한다. 재능에 맞는 교육을 아이가 받게 되면 자신의 꿈을 이룰 가능성이 커진다는 확신을 주어야 한다.

내 아이에게 긍정심 심어주기

성공한 사람들에게 나타나는 특징이 있다.

첫 번째, 싫어하는 일부터 먼저 한다.

두 번째, 자신에 대한 보상은 일을 끝낸 다음에 주어져야 한다. 아이는 부모에게 보상을 먼저 받게 되면 동기 부여를 하지 못한다. 아이에게 하고 싶은 마음이 저절로 생기는 게 아니라 일단 일을 시작해야 동기를 부여받을 수 있다는 것을 알려줘야 한다.

세 번째, 성공한 사람들은 원하는 위치에 서기 위해 좋아하는 일만 하는게 아니라 싫어하는 일도 한다. 아이가 원하는 것을 얻기 위해서는 싫어하는 것도 해야 한다는 것을 알려주어야 한다.

네 번째, 성공한 사람들은 스스로 동기를 부여하고 긍정적이고 칭찬하는 법을 배운다.

아이들이 세상을 살아가는 데 있어서 스스로 할 일을 찾아야 한다. 스스로 동기를 부여하고 격려하는 법을 배워야 한다. 아이가 매일 목표 달성을 위한 작은 행동을 하도록 부모가 도와주어야 한다. 목표를 달성할 수 있도록 긍정심을 심어주는 게 좋다.

아이의 훈육에 있어 좋은 사람이 되는 방법은 다음과 같다.

첫 번째, 항상 최선을 다해야 한다.

두 번째, 언제나 옳은 일을 하려고 노력한다.

세 번째, 내가 대접받기를 바라는 만큼 남을 대접해야 한다.

네 번째, 모든 사람에게 친절하고 상냥하게 대해야 한다.

아이들에게 좋은 사람, 더 나은 사람이 되기 위해 노력해야 한다는 것을 가르쳐야 한다. 이러한 과정들이 잘못된 훈육이 아닌 잘된 훈육으로 아이와 부모가 성장하는 것이다.

역설의 계명

켄트 M. 키스(Kent M. Keith)

사람들은 때로 분별이 없고 비논리적이고 자기중심적이다.
그래도 용서하라.
내가 선을 행할 때, 사람들은 이기적인 속셈이 있다고
비난할지 모른다.
그래도 선을 행하라.
네가 성공하면 거짓 친구와 진정한 적을 얻을 것이다.
그래도 성공하라.
네가 정직하고 솔직하면, 사람들은 너를 속일 것이다.
그래도 정직하고 솔직하라.
네가 몇 년에 걸쳐 공들여 이룩한 것을 누군가 하룻밤 새
무너뜨릴지도 모른다.
그래도 공을 들여 무언가 이룩하라.
네가 평온과 행복을 얻으면, 그들의 질투를 살 수도 있다.

그래도 행복하라.

네가 오늘 선을 행하면, 내일은 잊힐 것이다.

그래도 선을 행하라.

세상에 가진 전부를 주어도, 부족하게 느낄 것이다.

그래도 세상에 전부를 주어라.

최종판단은 너와 신 사이의 일이지

너와 타인 사이의 일이 아니다.

AMOR
AMOR

- 2 장 -

훈육만
제대로 해도
육아가
훨씬 쉬워진다

아이의 문제 행동이 고쳐지지 않는 이유

행복은 이뤄내는 기쁨에 있고, 창조적인 노력을 하는 황홀감에 있다.
- 프랭클린 루스벨트 -

아이는 부모의 마음 상태에 따라 달라진다

EBS 〈아이의 사생활〉 제작팀의 『아이의 사생활 1』에 보면 사소한 이야기란 아이와 엄마 사이에 아무런 심리적 이해관계가 적용되지 않는 이야기, 쉽게 말해서 말하는 사람의 생각이 드러나지 않는 이야기다.

예를 들어 "꽃이 피었구나.", "바람이 차구나." 같은 이야기인데, 혹시라도 추우니까 나가지 말라는 식의 훈계조가 되지 않도록 주의한다. 이런 사소한 이야기를 아이와 허심탄회하게 나누면, 아이는 스스로가 엄마와 동등한 대화의 상대로 존중받고 있음을 느낀다.

아이의 마음 상태는 전적으로 부모의 마음 상태에 달려 있다. 아이를 양육하기 전에 부모의 마음가짐부터 들여다보아야 한다. 아이를 대할 때에는 아이에 대한 조건 없는 애정과 전폭적인 신뢰를 두고 사랑하는 마음으로 대해야 한다는 것이다. 첫아이를 임신하고 출산의 과정을 겪으면서 엄마는 무한한 행복을 느끼게 된다.

내가 아이를 키우면서 창작했던 자작시를 소개한다.

해바라기

이정림

아기는 엄마가 내어놓은 씨앗
아기 띠로 마주 보는 사이
아기 가슴과 엄마 가슴은
두근거림을 지나
아기의 손과 발그레한 볼
보송보송 솜털도
해바라기 얼굴은 갈기로
키워간다
아기 눈망울은

이슬로 반짝이고

하늘 햇살 한 갈래

엄마 눈물은 수만 갈래로

마음 실은 바람 따라

두 팔과 두 다리 팔랑거린다

태양이 스며들고

달빛이 굴러들어

해바라기는 자꾸만

아기를 흔든다.

소통이라는 단어를 국어사전에서 찾아보면 막히지 아니하고 잘 통함, 뜻이 서로 통하여 오해가 없음이라고 명시되어 있다. 아이와의 소통은 엄마가 어떻게 말하느냐가 아니라 아이가 어떻게 듣느냐에 의해서 결정된다. 아이를 키우면서 많은 부모는 참을성, 절제, 친화력, 공부력 등을 키워주려고 집중하게 된다. 육아와 교육에 있어 기초는 아이와의 소통이다.

혼자서 알아서 크는 아기는 없다. 아이가 있는 곳에는 반드시 엄마가 있어야 한다. 아기는 생존을 위한 자아를 가지고 태어나지만, 엄마가 없다면 건강한 인간으로 살아남지 못한다. 엄마의 역할은 아기가 모든 능력을 발휘하도록 도와주고 의미를 부여해준다. 아기가 배고파서 울 때 엄마는 빨리 알아채고 아이에게 모유 수유를 하게 된다. 아기의 기본적인 몸의 반응은 엄마와의 상호작용을 통해서 이어진다. 엄마는 아이가 기본 감정을 느끼고 잘 표현하도록 도와주어야 한다. 아이의 감정을 인정해주는 것이다. 인정하고 존중해주는 것이 중요하다.

아이에게 공감해주기

엄격한 부모들은 아이에게 감정반응을 하지 못하도록 억누르고, 감정반응을 보이면 혼을 낸다. 아이들은 자극에 대해서 솔직한 반응을 보이는 것이 당연한데 엄격한 부모들은 감정반응을 꺼려서 하지 못하게 한다. 아이는 화가 나서 소리를 지르는 것인데 부모는 매를 들거나 조용히 하라고 다그치기도 한다. 아이는 신이 나서 떠들고 싶은데 부모는 떠들지 못하게 한다. 아이는 표현하지 못하게 하니까 왜 그래야 하는지 궁금해한다.

"무조건 떠들면 안 된다."라고 말한다면 아이는 혼란스러워한다. 구체적으로 아이의 반응을 알아채고 감정을 인정해주어야 한다.

"신나는 일이 있어? 뭐가 그렇게 재미있어?"

"그런데 여기서 떠들면 다른 사람들이 싫어할 수도 있어. 10분 정도 있다가 나갈 거니까 밖에 나가서 마음껏 소리지르며 놀자."라고 얘기해주면서 아이의 감정을 제대로 살펴주어야 한다. 왜 다른 사람들의 시선을 의식하고 배려해야 하는 행동을 해야 하는지 알려주어야 한다. 아이의 자연스러운 감정 반응을 억제하는 것은 옳은 방법이 아니다. 아이의 감정을 읽고 공감해주며 반응해주는 엄마가 아이가 문제 행동을 하지 않게 하는 방법이다.

아이는 화가 나서 소리를 지르는데 엄마는 "조용히 해! 여기는 떠들면 안 돼!"라고 이야기하면 아이는 왜 그래야 하는지 이유를 모른다. 아이는 화가 나는데, 아이는 신이 나서 떠들고 싶은데 엄마는 무조건 막기만 한다면 아이는 문제 행동을 더 할 수도 있다. 현명한 엄마는 "야, 정말 재미있나 보다! 뭐가 그렇게 재미있을까?"라고 반응하며 아이가 보내는 신호를 알아내어 아이의 감정을 인정해주어야 한다. 인정해주고 나서 이유를 설명해준다면 아이는 문제 행동을 일으키지 않게 된다.

아이의 말을 귀 기울여 들어주어야 하고, 아이의 감정에 적극적으로 공감해주어야 한다. 공감한 후에 부모는 반드시 반응해주어야 한다. 아이는 일어나는 거의 모든 일에 호기심으로 가득하다. 부모는 아이에게 살아가면서 일어나는 모든 일이 재미있다고 알려주어야 한다.

함박눈이 오는 날 아이를 데리고 눈을 맞으면서 눈사람을 만들고 눈밭에 뒹굴면서 팔짝팔짝 뛰어놀고 눈썰매도 탔다. 부모와 눈밭에서 뛰어노는 경험은 아이에게 평생 재미있는 일로 기억될 것이다.

아이가 문제 행동이 고쳐지지 않는 이유는 세상이 재미있는 곳이라는 느낌의 감정을 기반으로 부모와 상호작용이 이루어지지 않아서다. 아이의 감정이 충분히 일어난 상태에서 감정을 기반으로 부모와 공유하게 된다면 자연스럽게 고쳐지게 된다. 솔직하게 감정을 표현하고 자란 아이들이 성격이 좋아지게 되고 자연스럽게 사람들과 잘 어울리게 되고 배려하고 공감하는 능력을 갖추게 된다.

문제 행동을 일으킬 때 감정을 자제하게 하여 억지로 무조건 못하게 막는다면 아이는 혼란스러워한다. 아이의 감정을 인정한 뒤에 아이가 문제 행동에 대해 하면 안 된다는 것을 이해할 수 있도록 차분하게 설명해 주어야 한다.

이 럴 땐 이 렇 게 , 육 아 필 살 기 !

남의 물건도 "내 거야!"라며 우겨요!

남의 물건을 자기 것이라고 우겨 대며 싸우는 아이의 모습은 놀이방이나 어린이집에서 아주 흔히 볼 수 있다. 집에서도 사정은 마찬가지이다. 또래 아이가 놀러 와서 장난감을 가지고 놀면 제 것이든 아니든 역시나 "내 거야"를 외치며 뺏으려 한다. 부모가 자기 물건을 만져도 앙칼지게 "내 거야"를 외친다. 남의 물건을 가지고 오는 것이 나쁜 행동이라는 사실을 인지하지 못하고 있는 아이를 너무 심하게 혼내면 안 된다. 잘못하면 아이를 위축시키고 자존감을 잃게 하며, 결과적으로 소극적인 아이로 자랄 수 있게 된다. 그렇다고 남의 물건을 가져오는 아이를 그냥 놔두면 안 된다.

먼저 다른 사람의 허락없이 물건을 가져오는 것은 나쁜 행동이라고 알려 주어야 한다. 화를 내는 것이 아니라 단호한 어조로 따끔하게 이야기하는 것이 좋다. 하지만 부모에게 설명을 들어도 아이는 또다시 남의 물건을 가져올 수 있다. 아직 논리적인 사고 체계가 부족하기 때문에 이때도 역시 처음과 같은 방식으로 혼을 내야 한다. 아이의 행동에 대해 엄마가 어떨 때는 혼내고, 어떨 때는 그냥 지나치면 그 행동이 나쁘다는 것을 깨닫지 못하기 때문에 잘못에 대해서 부모가 일관된 태도를 보여야 한다.

출처 : 『신의진의 아이 심리백과』, 신의진, 갤리온 출판사

흔들리지 않고 단단하게 말하라

우리의 가장 위대한 영광은 결코 패배하지 않는 것이 아니라,
패배하면서도 매번 다시 일어선다는 데에 있다.
- 올리버 골드스미스 -

본격적인 육아와의 전쟁

행복감으로 충만했던 순간이 잊히고 육아와의 전쟁이 시작된다. 일과 아이를 양손에 쥐고 어느 쪽에 편중되게 쏟을 수 없는 워킹 맘의 현실은 고달프다. 당장 처리해야 할 수많은 일과 아이를 놓고 사투를 벌이는 것이다. 엄마가 되었을 때 눈 앞에 펼쳐진 삶은 많은 희생과 양보를 해야 한다. 일에서 오는 중압감, 그리고 개인의 일보다는 아이의 일이 우선시되고 하고 싶은 많은 것을 포기해야 한다. 매일 잠이 부족하고 수유를 하거나 분유를 먹여야 하고 기저귀를 갈아주어야 하고 밤과 낮이 바뀐 아이의 수면 때문에 수면 부족에 시달리고 끊임없이 돌봐야 하는 아이 때문에 당황하게 된다.

아이가 태어나서 행복했던 순간을 떠올리면 병원에서 태어난 아이의 탯줄이 잘리고 첫 번째 호흡하는 아이를 마주 안고 수유를 했을 때다. 병원에서 퇴원 후에 아이를 데리고 집에 오게 되면 아빠와 엄마는 새벽마다 깨서 울다가 아이가 잠이 들면 간신히 옆에서 쪽잠을 잔다. 아이는 울고 웃고 찡그리고를 반복하다가 말문을 터뜨리게 된다. '아빠, 엄마….'

집안을 기어 다니다가 첫걸음마를 뗄 때까지의 과정도 새롭다. 온종일 집에 있다가 처음 유치원에 갈 때까지…. 아이의 성장 과정을 떠올리면 공감되는 부분일 것이다.

정신과 의사인 밀턴 그린블랫(Milton Greenblatt)의 글을 소개하면 다음과 같다.

처음에는 부모님의 아이였다가
아이의 부모가 되고
부모님의 부모가 되었다가
아이의 아이가 된다.

아이가 실패하거나 실수해서 절망에 빠졌을 때, 아이를 안심시켜주어야 한다. 아이가 넘어졌다면 넘어질 수도 있는 것이라고 말해주어야 한다. 아이를 응원하는 부모는 아이의 긴장을 풀어주고 마음을 편안하게 만들어 주어야 한다. 아이가 자신감을 가지고 적극적으로 자신의 인생을 살아가도록 도와야 한다. 회복 탄력성을 갖춘 아이는 어떤 어려움도 이겨내어 성공하는 단단한 길로 가게 될 것이다.

초보 엄마를 위한 육아에 있어 너무 늦었을 때라는 건 없다. 언제든지 부모의 잘못을 바로잡고, 자신의 아이가 행복하고 성공하는 삶을 살도록 도울 수 있는 조력자가 될 수 있다. 초보 엄마는 아이에 대한 기대치가 높고, 결과 위주로 판단하며 늘 채근하고 감정 조절에 서툴다. 아이에게 중요한 것은 부모와의 애착 형성이다. 부모와의 애착 형성이 잘되어 있지 않고 부모에게 무조건 야단만 맞고 자란 아이들은 감정을 지나치게 억제하고 타인과의 관계에서도 감정표현을 받아들이는 것에 대해서 힘들어하게 된다.

엄마가 아이의 감정에 일일이 맞춰줄 필요는 없다. 아이와 매 순간 재미있게 놀아주는 것으로도 충분하다. 아이의 모든 감정적 반응은 자연스러운 것이기 때문에 엄마가 지나치게 거부하거나 부정하지 않는 것이 중요하다. 아이가 자신의 감정을 편안하고 솔직하게 표현할 수 있게 하는 것이 엄마가 아이에게 베풀어줄 수 있는 좋은 덕목이다.

많은 학자는 만 3세까지는 정서의 기초가 형성되는 시기라서 되도록 가족 구성원과 아이가 충분한 애착 관계를 맺는 것이 좋다고 이야기한다. 엄마도 자신의 감정에 솔직해야 하고 아이에게 자꾸 표현해주어야 한다. 흔들리지 않게 아이를 키운다는 것은 거의 불가능에 가깝다. 아이에게 문제가 생기지 않도록 육아를 한다는 것은 불가능하다. 아이에게 문제가 일어났을 때 현명하게 대처하는 방법을 배워서 실천하는 엄마의 자세가 필요하다.

아이를 흔들리지 않고 단단하게 키우는 방법

아이가 탄생하면 엄마는 아이에게 수많은 말들을 건넨다. 나는 신생아 때 아이가 옹알거리는 소리도 나에게 말을 하는 것 같았다. 다른 사람들에게는 나의 아이가 말을 했다고 자랑을 했다. 아이가 성장하면서 아이의 하루하루는 감탄할 일이 많았다. 아기가 뒤집기 시작하고 고개를 올리더니 도움 없이도 혼자 앉기 시작했다. 혼자 일어서서 가구나 모서리를 붙잡고 천천히 걸음을 옮길 수 있게 되었다. 나의 도움 없이 혼자 서 있기도 했다.

성장한 아이는 부모의 도움 없이 소파 등에 뛰어 오르기도 하고 내려오기도 했다. 난간을 붙잡고 계단을 오르내리기도 했다. "빠빠", "마마" 같은 간단한 단어나 감탄사를 사용하기도 했다. 아빠와 엄마 가족의 얼굴을 구분하며 이름을 부르면 손으로 가리키기도 했다. 우리 가족은 영재가 나왔다면 호들갑을 떨며 좋아했다. 커가는 발달상황에 따라 경이로운 성장을 보이는 아이를 보며 부모는 기쁘기만 하다.

큰아이는 약을 유달리 좋아했다. 혼자 돌아다니는 시기가 되어 집안을 탐색할 때 냉장고를 열어 약을 꺼내먹기 시작했다. 항생제, 해열제 등 약을 꺼내먹는 아이의 모습을 보면서 소스라치게 놀랐던 기억이 있다. 성장한 아이에게 약을 먹었던 얘기를 해주면 아이는 언제 그랬냐면서 웃는다. 큰아이가 커갈수록 '하지 마!', '안돼!'라는 금지어를 많이 사용했다.

밥을 먹을 때, 옷을 입을 때, 씻을 때 느리고 서툰 손으로 자신이 다 하겠다며 고집을 피웠다. 도와주려고 하는 엄마의 손을 거절했다. 자신의 고집이 세져서 엄마의 인내심을 실험하기도 했다. 혼자 옷을 갈아입고, 혼자 세수를 하고, 양치하고…. 모든 일상이 아이들에게 난생 처음 해보는 것이어서 모든 일상생활이 경이롭다.

19세기에 프랑스에서 발견된 늑대소년의 이야기가 있다. 늑대소년은 적기에 필요한 자극을 받지 못한 아이는 온전한 사람이 될 수 없음을 전 세계에 증명해 보여주었다. 여덟 살에 발견된 이 소년은 사람의 말 대신 늑대 울음소리를 냈다. 전 세계의 전문가들이 동원되어 소년에게 교육했지만 모두 실패했다. 생후 첫 3년과 그 후 3년간의 중요한 시기에 필요한 자극을 받지 못하면, 그 후에 고쳐보려고 해도 소용없다.

사람과 동물의 발달에 중요한 기능을 수행하는 '결정적 시기'가 있다. 오리는 알에서 부화되는 순간 처음 본 어미 오리를 망막에 순간적으로 각인시켜 영원히 기억한다. 새끼오리들이 어미를 알아보고 뒤를 쫓아다니는 것도 기억 때문이다.

아이가 만 3세 이전에 부모와 아이가 함께 웃고 즐기고 재미있게 놀아주면 아이의 뇌 속에는 다른 사람과 함께 있으면 재미있고 좋다는 것과 속상한 일이 있을 때 얘기해서 풀면 된다는 인식이 뇌에 형성된다. 만약 부모와 아이와의 사이에 문제가 있을 때마다 엄마가 아이를 야단치고 윽박지르게 되면 아이는 문제가 생길 때마다 화를 내거나 신경질적으로 대하게 된다.

엄마가 아이와 대화를 할 때는 일방적으로 말하는 것이 아니라 주고받아야 한다. 아이를 대화에 참여시키면 아이는 많은 단어를 더 배울 수 있고, 아이가 경험한 세상에 대한 장면과 생각을 정교하게 기억하게 된다. 아이와의 끊임없는 대화와 놀이 활동은 아이의 기억력을 증가시키고, 정서 능력과 사회성이 증가된다.

아이를 흔들리지 않고 단단하게 키우는 방법은 아이가 서툴더라도 스스로 해결해 낼 때까지 기다려주는 엄마의 인내심. 즉 아이가 작은 도전을 스스로 성취하고 해결해냈을 때까지 기다려주는 인내심이 필요하다. 아이가 스스로 성공해낸 후에 이어지는 격려와 인정을 엄마에게 받고 싶어 한다. 칭찬으로 행동에서 '쾌락'을 느끼게 된 아이는 도파민의 작용으로 무엇인가를 하고 싶은 동기와 의욕을 느껴 '몰입'할 수 있는 의지가 생기게 된다.

엄마의 태도가 아이의 감정을 결정한다

현명한 사람은 할 말이 있기 때문에 말하고, 바보는 무언가를 말해야 하기 때문에 말한다.
- 플라톤 -

아이의 마음 공감해주기

정신분석의 정도언의 『프로이트의 의자』(웅진지식하우스)에는 다음과 같은 내용이 나온다.

분노라는 무의식을 다스리는 방법에 대해 제시되어 있다. 깊게 숨을 쉬기 위해서는 우선 숨을 내쉬어야 한다. 숨이 차 있는데 숨을 들이쉬면 힘이 들어간다. 숨을 내쉬어야 새 숨이 들어올 공간이 생긴다.

분노했을 때 들이쉬는 숨은 세 박자, 내쉬는 숨은 다섯 박자 정도로 길이를 조정한다. 그러면서 손발이 무겁거나 따뜻해진다는 느낌이 든다고 상상을 한다. 그리고 내 안의 분노가 '호랑이'라면 우리에서 뛰쳐나온 호랑이를 일단 달래서 그 안으로 다시 넣는다고 머릿속으로 그림을 그리면서 상상한다. 그 후에 우리 안에서 호랑이가 자신을 표현할 수 있도록 도와준다고 이어간다. 그것이 안전하게 분노를 내 안으로 끌어들이는 방법이다. 분노 역시 내가 만들어낸 내 마음의 자식이다.

아기와 육아 전쟁을 벌일 때 엄마들이 일관되게 하는 말이 있다.

"잠잘 때가 제일 예뻐요."

온종일 부모의 손길이 있어야 하는 아이와 씨름하다 보면 엄마들이 하는 말이다. 육아 카페에 보면 아이에게 이성을 잃고 화냈던 것, 고함을 친 것에 대한 후회의 글들이 올라오곤 한다. 만 3세 이전의 아기들도 생떼를 쓰고 감정 기복이 심하다. 이 시기에 엄마들은 육아에 대해 어려움을 호소한다. 엄마도 아이와의 육아 스트레스 때문에 우울증도 오고 스트레스를 받는다.

만 3세 이전의 아이에게는 남의 마음을 헤아리는 능력이 없다. 다른 사람의 마음이 어떤지 헤아리고 대응하는 뇌의 기능이 발달하지 않아서 네 살 이전에는 내가 생각하는 것이 유일하다고 여기고 내가 생각하는 것처럼 다른 사람도 생각한다고 느낀다. 자기중심적인 아이에 대한 예를 들면 한 아이가 동생이 가지고 노는 장난감을 본인이 갖고 싶어서 무조건 가져온다. 동생은 장난감을 뺏겨 울고불고 난리를 치며 소리를 지른다. 아이는 동생이 울어도 끄떡하지 않고 미안해하지도 않는다. 자신이 뺏은 장난감 때문에 속상할 동생의 마음은 안중에도 없다. 그렇다면 엄마는 어떻게 해결해주어야 할까?

아이의 마음에 공감해주어야 한다.

"너도 장난감을 가지고 놀고 싶구나? 장남감이 정말 재미있어 보인다. 하지만 지금 동생이 가지고 놀고 있잖아. 만약에 우리 형이 가지고 놀고 있는 장난감 트럭을 동생이 빼앗아 가면 형 마음이 어떨까?"

처지를 바꿔놓고 생각할 수 있는 역지사지의 마음을 아이에게 가르쳐 주어야 한다. 장난감을 갖고 싶어 하는 아이의 마음을 충분히 공감해주고 이해한다고 얘기해주면 아이는 엄마의 말을 잘 따르게 될 것이다.

처지를 바꿔서 생각하기 즉 역지사지를 가르치는 것이 중요하다. 자극에 대한 아이의 반응은 본능적으로 반사적이다. 반사적인 반응에 대해서 '생각하기'를 넣어주어야 한다. 동생의 장난감이 갖고 싶으니까 그냥 가져가는 거로 반응하는 아이에게 동생의 처지를 생각해서 기다렸다가 가지고 놀아야 한다는 방법이다. 또는 다른 장난감을 대신 가지고 놀아야 한다고 교육하는 방법이 있다. 아이의 욕구와 마음을 충분히 이해해주고 보듬어주며 공감해주는 엄마의 태도가 중요하다.

부모의 올바른 태도

엄마가 지속해서 아이에게 민감하게 반응하고 공감해주면 아이는 엄마에 대한 믿음과 가족에 대한 소속감을 느끼게 된다. 아이는 자신의 욕구와 느낌이 완전히 이해받고 있다는 느낌이 들게 되면 다른 사람의 마음을 헤아리게 되는 사회적인 능력을 키울 수 있게 된다. 반면에 엄마에게 이해받지 못하면 아이는 소외감과 고립감을 느껴서 엄마와 부모 다른 사람에 대한 불안감과 불신을 키워나가게 된다. 부모의 올바른 태도가 아이가 성장하는 데 있어서 다른 사람에게 공감하고 배려하는 능력을 키우게 된다.

아기 때부터 지속해서 아이에게 많이 반응해주고 공감해주면서 엄마가 아이에게 일관되게 전달해주어야 하는 메시지가 있다. 엄마와 아빠는 늘 아이의 말에 항상 귀를 기울이고 있고 바라보고 있다는 것이다. 아기는 소중하고 의미 있는 존재이며, 있는 그대로의 아이의 모습을 사랑하고 좋아한다는 소통을 해주어야 한다. 아기의 웃음에 웃음으로 반응하고 아기가 느끼는 감정에 공감하면 아이는 부모에 대한 믿음을 갖게 된다.

엄마가 열린 마음을 가지고 의사소통을 하고 온전히 아이에게 집중하게 되면 진심이 통하게 된다. 아이에게는 부모에게 이해받고 있다는 느낌이 중요하다. 아이는 부모의 거울이다. 아이가 평상시에 쓰는 언어, 생활 습관, 행동 패턴은 부모의 평소 습관을 닮는 경우가 많다. 엄마가 일관되게 아이를 대하지 못하고 바쁘고 힘들다 보면 자신도 모르는 사이에 짜증이 섞인 말로 아이를 대하는 때도 있다. 의도하지는 않지만, 엄마 자신도 힘들어서 실수하게 되는 때도 있다.

아이는 어리기 때문에 엄마의 행동과 말을 이해하지 못한다. 엄마가 소리를 지르거나 화난 얼굴로 짜증을 내게 되면 아이는 엄마가 자신을 싫어한다고 생각하게 되어 두려움을 가지게 된다. 엄마가 의도하지 않은 행동과 말들이 아이에게는 큰 상처를 입히게 된다. 엄마의 언어 습관이 공격적이고 거칠다면 아이는 그대로 배우게 된다. 아이에게 나쁜 영향을 끼친다면 엄마가 고쳐야 할 나쁜 버릇이다.

완벽한 부모는 없지만, 아이를 위해 자신의 습관이나 태도를 고치는 것은 엄마의 책임이자 의무이다. 아이를 키우면서 부모도 자신의 잘못된 점, 부족한 점을 고쳐 나간다면 같이 성장하게 된다.

엄마의 마음에 사랑이 많고 정서적으로 안정이 되어 있으면 여유가 생겨서 아이가 실수해도 화를 내거나 짜증을 내지 않게 된다. 엄마가 자신의 마음을 살피고 들여다보는 것이 중요하다. 아이마다 장단점이 있고 성장 속도가 다르다. 엄마는 자신의 아이가 가진 장점과 재능을 믿어야 한다. 엄마는 아이가 즐거워하고 잘하는 것에 대하여 응원해주고, 기뻐하며 칭찬해주면 된다. 부모는 아이의 성장에 맞게 양육하려는 태도가 필요하다.

아이가 어리더라도 감정과 느낌이 있다. 자신의 나쁜 성격을 다스리면서 엄마의 좋은 면을 보여주어야 한다. 아이의 감정을 무시하고 자신의 성질대로 다그치고 마음대로 윽박지르면 대들 힘이 없어서 엄마 말을 듣지만, 아이가 어느 정도 성장하여 힘이 생기기 시작하게 되면 반항을 하게 되는 것이다. 아이가 건강하게 성장하기를 바란다면 엄마는 아이의 감정과 생각을 인정해주어야 한다. 아이의 상태에 맞춰주는 건강한 엄마가 되어야 한다.

아이가 잘못했을 때에는 무엇을 잘못했는지 아이가 알아들을 수 있도록 설명해주고, 아이가 스스로 반성할 기회와 시간을 주어야 한다. 아이가 반성하는 시간 동안 엄마도 아이에 대한 짜증과 화를 가라앉혀야 한다. 자신의 감정을 추스른 다음에 아이와 마주 앉아서 대화를 나누게 되면 아이의 감정도 가라앉게 될 것이다. 엄마의 긍정적인 태도와 언어가 아이의 긍정적인 감정을 좌우한다.

이 럴 땐 이 렇 게 , 육 아 필 살 기 !

"싫어."라는 말을 입에 달고 살아요!

"싫어."라는 말은 엄마로부터의 '독립 선언'이라고도 할 수 있다. 더 이상 아기처럼 엄마가 시키는 대로 하지 않겠다는 의지의 표현이다.

부모의 양육 태도도 이전과는 달라져야 한다. 지금까지는 약한 아이를 보호하는 데 주력했다면, 앞으로는 자율성과 독립성을 길러 주기 위해 노력해야 한다. 아이들은 제멋대로 하려는 성향이 강해 부모가 간섭도 많이 하게 된다. 하지만 가능하면 아이 스스로 하려는 행동을 제지하지 않는 게 좋다. 대신 아이의 도전이 성공할 수 있도록 소리 없이 도와주고, 성공했을 때에는 아낌없이 칭찬하고 보상해주어야 한다.

만약 아이가 실수를 했다고 야단치거나, 고집만 부린다며 윽박지르거나, 엄마가 해주는 대로 가만히 있으라는 식의 태도를 보인다면 아이는 수치심을 느낄 뿐만 아니라 어떤 일을 스스로 해보려는 의지 자체를 상실하게 된다.

또한 부모를 골탕 먹이는 행동도 하게 된다. 예를 들어 엄마가 야단을 치면 음식을 쏟아버리는 등 일부러 얄미운 행동을 하기도 한다. 이것은 이제 아이가 자신이 타인에게 영향을 줄 수 있다는 것을 알고 있기에 가능한 일이다.

그리고 아이의 행동에 대해 비꼬는 투로 이야기하는 것도 피해야 한다. 아이가 엄마가 먹여주겠다는데도 싫다며 혼자 먹으려 하다가 밥을 엎었다면 이때 "내가 그럴 줄 알았어. 그러니까 엄마가 해준다고 했잖아." 하고 이야기하는 것은 최악이다. 이런 식으로 아이의 독립 욕구에 대해 부정적인 반응을 보이면 아이는 자아 형성을 다음으로 미루게 된다.

출처 : 『신의진의 아이 심리백과』 신의진, 갤리온 출판사

마음을 알아주면 아이는 저절로 자란다

친절한 말들은 짧고 말하기도 쉽다. 하지만 그 말의 울림은 진정 끝이 없다.
- 테레사 수녀 -

아이의 특성 인정하기

엄마는 아이의 발달을 지켜보면서 젖을 먹이고 이유식을 먹이고 걸음마를 시키고 말하기 연습도 시키게 된다. 발달 과정에 맞게 제시하고 아이가 잘하게 되면 행복감을 느끼게 된다. 엄마는 아이보다 반 발짝이나 한 발짝 앞서가야 한다. 아이가 걸음마를 시작할 때에도 엄마가 살짝 이끌어준다면 아이는 걸음을 힘들어하지 않고 따라오며 잘 걷게 된다. 기어가는 아기를 보면 잘 기어갈 수 있도록 도와주고 기뻐해준다. 이러한 엄마의 행동들이 아이의 뇌 발달에 좋은 영향을 촉진하고 지능을 높여주는 방법이다.

시치다 고의 『부모의 습관』(명진출판)에 보면 시치다 교육에서는 아이의 마음을 건강하게 키울 수 있는 비법으로 '5분 암시법'과 '8초간의 포옹'을 중요하게 여긴다.

'5분 암시법'이란 아이가 잠든 후에 부모가 아이 몸을 쓰다듬어 주면서 자신이 얼마나 아이를 믿고 사랑하는지를 말해주는 것이다. 그리고 마음에 남아 있는 슬픈 감정과 곤란한 문제들이 자는 동안에 모두 사라지도록 암시를 넣어주는 것이다.

포옹은 아이가 착한 일을 한 후에 해주는 게 좋다. 울음을 그쳤을 때, 떼쓰는 걸 멈추고 잘 참아주었을 때, 이때가 8초간의 포옹을 하기에 가장 좋은 기회다.

초보 엄마를 위한 육아의 시작은 고유한 아이의 특성을 인정하는 것이다. 선천적으로 나쁜 아이는 없다. 기질에 따른 다른 아이가 있는 것이다. 모든 엄마가 바라는 아기는 규칙적인 생활 습관을 가지고 주변 환경에 잘 적응하는 순하거나 유연한 아기일 것이다. 각자 아기의 기질에는 부정적인 면과 긍정적인 면이 함께 공존한다.

아기의 기질로 육아를 시작하게 된다. 기질은 타고난 성향을 의미한다. 아기는 태어날 때 각자 서로 다른 기질을 가지고 태어난다. 아기의 기질은 순하고 유연한 아기이거나 혈기왕성하고 까탈스러운 아기이거나 발달이 더디고 겁을 먹거나 짜증을 많이 내는 아기일 수도 있다.

아이는 잘 노는 게 건강하게 성장한다는 증거다. 아이의 왕성한 에너지는 한시도 가만히 있지 못한다. 아이들은 책상 앞에 앉아 있는 것보다 놀면서 더 많이 생각하고 배운다. 신나게 놀면서 창의력과 상상력을 키워나가게 된다. 놀면서 즐거움을 느끼면 자유롭게 생각하게 되고 아이의 뇌는 좋은 상태로 도파민이 적절하게 분비되어 사고력이 활발해진다.

가정에서 교육의 중요한 핵심은 아이의 마음을 알아주고 존중하는 것이다. 물론 몸도 건강해야 하지만 마음도 건강해야 한다. 아기 때부터 엄마가 아이에게 충분한 사랑을 주어야 하는 부분이다. 아이는 부모의 소유물이 아니다. 엄마가 아이를 사랑하는 마음은 어느 부모나 같지만, 사랑을 전하는 방식에 따라서 존중이 플러스가 될 수도 있고 마이너스로 작용하게 될 수도 있게 된다.

자신의 아이지만 어리다는 이유로 무시하면 안 되고 아이도 자신만의 감정과 생각을 가진 인격체라는 사실을 간과하면 안 된다. 엄마가 먼저 아이에게 예의를 갖추고 존중해주면 아이도 자신을 존중하게 되고 타인을 배려하는 마음을 키우게 된다.

말에 대한 중요성은 아무리 강조해도 지나침이 없다. 특히 아이가 어릴 때 말을 잘 알아듣지 못하고 말하지 못한다고 하여 아이 앞에서 엄마가 함부로 말을 하면 안 된다. 상스럽고 거친 단어나 욕설은 아이에게 영향을 금방 준다. 인간의 특성 중 하나는 좋은 것보다는 나쁜 것을 더 빨리 배우는 안 좋은 습성이 있다고 한다. 아이가 성장함에 따라서 엄마가 했던 말과 유사한 말을 들었을 때 익숙하게 받아들이게 된다는 것이다.

아이는 가정 밖에서보다 가정 안에서 더 많은 것을 배운다. 엄마와 가족들의 언어 습관을 되짚어봐야 하는 부분이다. 엄마가 아이를 어떻게 대하고 대화를 하느냐에 따라서 아이의 가능성이 달라진다.

부모의 존중으로 성장하는 아이

엄마가 아이의 생각과 감정을 인정하고 존중해주게 되면, 아이도 자신의 말과 생각에 신중해지게 된다. 아이는 아직 어리기 때문에 엄마의 말을 잘 이해하지 못할 때가 많다. 이해를 못 하고 모르는 게 많은 것이 당연하다.

이럴 때 엄마는 아이에게 화를 내거나 구박하면 안 된다. 아이의 기를 죽이면 안 되고 엄마는 아이의 성장 속도에 맞춰서 쉽고 이해하기 쉬운 예를 들어서 설명해주면 된다. 아이의 능력을 얕잡아 보거나 수준이 낮은 유아어로 설명하면 안 된다. 아이는 부모가 대접해주는 만큼 성장해 나아가게 된다.

아이도 하나의 인격체다. 엄마한테 존중을 받아야 남을 존중할 줄 알게 된다. 아이를 존중받는 아이로 키우고 싶다면 엄마가 내 아이부터 존중해주면 된다. 아이가 성장하는 데 있어서 환경과 경험이 제일 중요한 나이가 만 2~3세라고 한다. 아이에게 가능한 긍정적인 경험을 심어주고 절제하는 방법을 가르쳐주어야 정서적 안정감이 안착되어 잘 성장하게 된다.

아이의 마음을 움직이게 하는 칭찬의 방법이 있다. 아이의 타고난 재능을 칭찬하기보다는 무언가를 아이가 스스로 조절하고 통제할 때, 개선해 나가는 모습으로 노력하는 것을 보여줄 때 칭찬해주면 아이는 자신감이 생기게 되고 자존감이 높아진다. 칭찬 방식에 대해서는 부모마다 생각이 약간씩 다르다. 자신들의 방식이 옳다고 생각하는 때도 있다. 때로는 잘못된 칭찬 방식으로 아이들이 혼란스러워하는 때도 있다. 구체적이지 않은 모호한 칭찬, 진심이 없는 칭찬이나 과한 칭찬 등으로 아이들은 불안해하게 된다.

칭찬의 말 중에서 예를 들면 "넌 정말 똑똑해."라고 능력을 칭찬하는 대신 "정말 열심히 하는구나. 그렇게 하면 너는 틀림없이 잘할 거야."라고 노력을 칭찬하는 것이 중요하다.

"해낼 수 있을 거야."라고 아이에게 근거가 있는 칭찬을 해주어야 한다. 칭찬은 과해도 안 된다. 빈번하게 칭찬해주는 것보다 간헐적으로 가끔 칭찬해주는 것이 효과적이다. 모호하고 일반적인 칭찬을 하지 말고 구체적으로 칭찬받을 부분을 칭찬해주어야 한다. 예를 들면 "국어를 잘 하는구나."보다는 "단어를 잘 해석하는구나, 단어를 많이 알고 있구나."

라고 구체적으로 말해주어야 한다. 구체적으로 칭찬해주어야 아이는 칭찬받을 부분에 초점을 맞추어 노력하게 된다. 아이의 결과에 대한 칭찬보다는 결과를 이루기까지 성실성과 인내심, 노력과 과정을 포함해서 칭찬을 받게 되면 아이는 칭찬에 대해서 자신감을 느끼고 무엇이 중요한 가치인지 동기 부여를 받게 된다.

어린아이들에게 부모의 사소한 반응도 아이의 정체성이나 대인 관계에 영향을 미치게 된다. 아이와 부모가 주고받는 대화는 중요하다. 아이의 발달에 있어서 사회적 상호작용이 많지만, 그중에서도 언어가 핵심적이다. 기저귀 갈아주기, 놀이터에서 놀아주기, 이유식 먹이기, 심부름 시키기 등 놀이 시간들은 모두 아이와 엄마의 수다로 이루어진다. 아이와 많이 놀아주고 아이의 언어로 끊임없이 대화해야 한다. 말은 소통의 도구다. 엄마가 하는 말과 아이가 하는 말, 그것을 느끼는 것이 진정한 소통이다.

아이의 언어 발달은 부모와 상호 간에 풍부하게 이루어지는 놀이의 자극을 통해서 형성되기 시작한다. 아이와 함께 하는 시간은 언어가 발달할 좋은 기회다. 아이가 만 3세까지 양육해주는 사람과 소통과 교감을 잘 하고, 얼마나 많은 양의 언어를 들었느냐에 따라서 아이의 읽기 능력이 좌우된다고 한다. 아이의 마음을 잘 파악하여 적절한 훈육과 적당한 칭찬을 해준 아이는 저절로 건강하게 잘 자라게 된다.

부드럽고 따뜻하게 가르쳐라

늘 옳은 것을 행하라. 이것이 어떤 이들에게는 기쁨을 주고, 어떤 이들에게는 놀라움을 줄 것이다.
- 마크 트웨인 -

대화의 기술의 방법

아이를 칭찬할 때에도 요령이 있다. 아이가 이해할 만한 경우에만 칭찬해야 한다. 쉽게 이루어낸 일에 대해 과도한 칭찬을 하게 되면 어른들이 하는 칭찬에 대한 신뢰도가 떨어진다. 칭찬할 때 아이에게 관심이 있다는 것을 알려줄 수 있는 구체적인 표현을 해주어야 한다.

"우리 예지는 책을 참 잘 읽네." 대신 "우리 예지는 책을 읽을 때 발음도 명확하고 속도도 적당해서 머리에 잘 들어오고 듣기 좋구나."라고 칭찬해주어야 한다.

칭찬은 아이에 관한 관심에서 나오는 것이다. 아이가 무엇을 잘하는지, 무엇을 좋아하는지, 아이를 지켜본다면 구체적인 표현이 나올 수 있게 된다.

데이비드 월시의 저서 『스마트 브레인』에 보면 이런 내용이 있다. 기억력과 지식 확대를 돕는 대화의 기술의 방법을 소개하면

1. "누가, 무엇을, 언제, 어디서, 왜, 어떻게"를 질문한다.
   – "우리가 왜 이렇게 특별한 야구 글러브를 꼈지?"

2. 현재 벌어진 사건과 기존의 지식을 연관짓는다.
   – "너 어제 아빠랑 야구 봤지? 우리 어떻게 야구를 할까?"

3. 아이의 관심 분야에 대해 더 질문하고 말해준다.
   – "야구 경기를 하기 위해서는 뭐가 더 필요할까? 너 혹시 아니?"

4. 아이의 대답이나 행동에 대해 긍정적인 피드백을 준다.
   – "잘했어."

아이들은 부모가 무엇을 가지고 놀아주느냐보다 어떻게 놀아주느냐가 중요하다. 부모가 즐겁게 놀아준 유쾌한 기억이 긍정적 정서로 자리를

잡게 된다. 긍정적 정서와 기억은 아이의 무의식 속에 저장되어 큰 영향을 미친다. 가정에서 아빠와 엄마의 역할은 제일 중요하다. 아이를 둘러싼 환경과 아기 때부터 훈육 방침에 대한 일관적인 방법과 인내심, 생활에 대한 지침 등이 있어야 한다. 부모와 아이가 원활한 소통과 정서적인 안정이 되어야 한다.

엄마가 한창 설거지를 하고 있는데 아이가 무엇을 달라고 요구할 때가 있다. 설거지를 미처 끝내지 못하고 싱크대 안에 먹던 컵과 밥공기가 남아 있는데, 마저 끝내고 해주고 싶은 마음이 든다. 그냥 하던 일을 멈추어야 한다. 아이는 기다리지 못한다. 아이가 원하는 것을 빨리 꺼내주거나 들어주고 아이에게 말한다.

"엄마가 지금 설거지가 남아 다하고 다시 너에게 갈게. 아주 잠시만 기다려줄 수 있어요? "라고 물으면 아이는 기다림을 배우게 되고 고개를 끄덕거리며 기다려준다. 엄마는 기다려준 아이에게 칭찬을 해주고 아이가 원하는 다른 것을 같이 해주면 된다.

소금 이야기

이정림

태양을 섬기는 시간
하얀 나비 춤사위
바다가 집을 지었다
낮달의 정기
태양의 입김
바람의 기운
바다의 눈물 적신다
묵은 십자가의 이름
굴곡진 속박 벗어나
지상의 빛을 모았다
구름의 터널 지나
생의 수레바퀴
보석 알알이 맺힌다
소나무가 흘린 눈물
송홧가루의 수액과
바다의 뼈를 갈아
불모지 위 모퉁이 쓸고

바다의 무게 줄이는 시간

자박자박 까실까실

설산의 창고는 하얀 나비떼

박하향 품고 접혀 있다

소금은 인류가 이용해온 조미료 중 역사적으로 가장 오래되었다고 한다. 음식의 기본적인 맛을 낼 뿐 아니라 단맛과 신맛을 내는 감미료와 산미료와는 달리 다른 물질로 거의 대체시킬 수 없다는 점에서 가장 큰 비중을 차지한다고 한다. 우리 아이들도 소금과 같은 존재로 부모의 마음속에 자리한다. 부모는 살아가면서 아이와 함께 생의 보석을 빚는다.

아이의 공감 능력 키워주기

아이들은 성장하는 동안 많은 경험을 하며 호기심이 왕성하다. 생후 5개월~8개월 된 아이와 까꿍 놀이를 하면 아이는 기분 좋은 소리를 내어 웃고 손을 휘저으며 온몸으로 반응하며 좋아한다. 돌이 지나 걸음마를 시작하는 아이들은 공원이나 집 주변을 산책시키면 나무,강아지, 벌레 등 온갖 사물을 보며 구경하는 것을 좋아한다. 숨바꼭질과 인형 놀이 등 상상 놀이를 시작해주면 된다.

아이가 좀 더 자라면 상상의 나래를 키워주며 많은 놀이를 해주어야 한다. 아이들은 놀면서 배운다. 아이들의 놀이 취향도 다양하다. 자연스럽게 노는 놀이는 아이의 뇌 발달에 중요한 영향을 미친다. 자유 놀이를 통해 창의력과 상상력이 발달한다. 아이들은 모든 놀이에서 무엇인가를 배운다. 아이가 놀고 있을 때 부모는 신나게 반응해주고 적절히 조율해 주면 된다. 아이의 인성과 사회성이 균형 있게 발달하게 된다. 부모들은 항상 아이와 놀아주는 특별한 시간을 가져야 한다.

아이에게 질문하고 나서 반드시 답변을 들어주어야 한다. 엄마는 아이에게 아무 의도 없이 질문할 때가 있다. 그 질문에 아이가 깊게 생각하며 예상 외의 답변을 할 때가 있다. 아이의 얼굴을 마주 보며 답변을 성심성의껏 들어주어야 한다. 엄마에게 거창하거나 과장된 행동은 필요하지 않다. 아이와 눈을 맞추고 부드럽고 따뜻하게 고개를 끄덕거리는 정도면 된다. 엄마와의 대화를 통해서 아이의 마음속에 공감 능력을 길러주게 되고 풍부한 창의력과 상상력을 심어주게 된다.

엄마를 위한 훈육 VS 아이를 위한 훈육

이 세상의 모든 문제는, 바보들과 광신자들은 항상 확신에 차 있지만
현명한 자들은 의심으로 가득 차 있다는 데에 있다.
- 버트란드 러셀 -

아이를 위한 훈육하기

아이가 태어나고 생후 첫 3년간 아이는 엄마와의 충분한 놀이와 교감으로 온몸의 감각기관을 일깨우게 된다. 밥을 먹고, 잠을 자고, 옷을 입고, 목욕하고 장난감 놀이 등 주어진 환경에 적응하는 과정들이다. 아이가 젖을 먹고 젖을 떼고 이유식을 먹기 시작하고 밥을 먹어야 할 시기를 알고 다음 필요한 것을 엄마는 인지한다.

아이가 어떤 행동을 할 때 생각할 수 있는 선택권을 최대한 많이 주어야 한다. 예를 들면 식사 때가 되어 밥을 먹는 그릇을 줄 때도 아이에게 물어본다. 어떤 색, 어떤 모양의 밥그릇으로 밥을 먹고 싶은지 물어본다. 작은 선택을 하는 연습을 꾸준히 하게 되면, 아이가 성장해 나아감에 따라 인생에서 큰 선택을 할 때 많은 도움이 된다. 입을 옷을 고를 때 옷장문을 열면 아이는 무작정 고르려고 고집을 부리지 않는다.

엄마의 말도 수렴할 줄 알고 생각한다. 날씨가 추운 날 반소매보다는 긴소매를 입을 수 있게 긴소매를 꺼내 여러 가지 옷 중에서 고르게 한다. 아이는 아직 선택을 많이 해보지 않았기 때문에 서툴다. 아이가 스트레스를 받지 않게 선택할 수 있는 최소한의 예시를 주는 것으로 시작하면 좋다.

아이가 아기 때에는 많이 안아 주고, 노래하고, 읽어주고, 이야기해주어야 한다. 아기가 성장하게 되면 아기에게 혼자 노는 시간을 주어서 재미있게 노는 방법을 알게 한다. 엄마가 아이의 놀이를 도와주고 참여하고 싶다면 아이와 눈높이를 맞춰주어야 한다.

아이를 지켜보면서 아이가 하자는 대로 한다. 아이가 놀이할 때 모든 주도권을 아이에게 주어야 한다. 다른 친구와 놀이를 할 때도 순서 지키는 법과 기다리는 법을 알려준다. 적당한 싸움 놀이, 달리기, 기어오르기, 점프 등 아이가 규칙을 정해서 마음대로 주도하는 놀이 시간을 갖게 해주면 좋다.

아이를 위한 훈육에 있어서 엄마는 아이의 모든 것을 주도적으로 통제하고 이끌기만 하면 안 된다. 또한, 아이를 과잉보호하면서 모든 것을 선택해주면 안 된다. 아이가 스스로 문제를 해결하는 방법을 가르치거나 스트레스를 받는 상황에서 회복할 수 있는 회복 탄력성을 키워주어야 한다. 회복 탄력성을 강화하는 방법은 아이에 대한 지지와 유대감이다. 예를 들면 아이가 불안감으로 가득 차 있고 두려워할 때 엄마가 아이 대신 문제를 해결해주기 위해 성급하게 개입하지 말고, 회복하고 이겨낼 수 있는 문제 해결책을 찾아주어야 한다. 사람들에게 거절을 당하는 것, 패배에 대해 견디는 것, 실수하는 것을 허락해주고 이해해주어야 한다.

엄마는 아기 곁에서는 편안하고 고요한 감정만 드러내야 한다. 아기는 규칙적인 일상이 안정감을 준다. 아이가 성장해감에 따라 규칙적인 일과를 유지하도록 노력하고 많은 포옹과 접촉을 해주어야 한다. 아이는 호기심이 왕성한 시기이기 때문에 많은 질문을 할 것이다.

차분하게 잘 설명해줄 수 있는 인내가 필요하다. 하루를 정리하면서 가족과 나눌 기회와 시간을 가져야 한다. 하루가 어떠했었는지 아이가 대답할 시간을 만들어 두어야 한다. 특히 잠자리 시간이 중요하다. 재워주면서 책을 읽어주는 활동이 좋다.

아이의 욕구가 좌절됐을 때 인내심을 기르는 육아 방법은 결과가 아닌 노력하는 과정을 칭찬해주어야 한다. 예를 들어 친구들과 퍼즐 맞추기 놀이를 하는데 "와, 어려운 퍼즐 맞추기를 혼자서 잘 맞추었네." 하며 아이의 활동과 감정에 초점을 맞추어 칭찬해야 한다. "퍼즐을 일등으로 맞추었네! 잘했어."처럼 결과에 맞추어 칭찬하는 것은 피해야 한다. 엄마는 평상시에도 아이의 행동을 관찰하면서 느낀 점을 칭찬해주어야 한다. 결과보다는 과정을 칭찬하는 말을 해줌으로써 과정이 중요하다는 것을 인지시켜주어야 한다.

이웃집에 아이가 놀러 가서 친구와 노는 경우에 놀이에 빠져서 한창 놀고 있다. 엄마는 아이를 집에 데리고 가야 할 상황이 발생해서 놀이를 그만둬야 하는 경우가 있을 때 아이는 엄마의 놀이를 중단하는 말 때문에 분노를 나타내는 경우가 있다. 엄마는 자신의 행동이 잘못됐다고 생각하지 못한다. 엄마는 놀이를 중단시키기 전에 아이에게 예고를 해주어야 한다. 예고를 해주게 되면 아이는 인지하고 마음으로 가야 할 준비를 서서히 시작하게 된다. 속상해하거나 힘들어할 때 엄마가 직접 나서서 문제를 해결해주기보다는 아이가 스스로 평온을 찾을 수 있도록 도와주는 것이 좋다.

아이를 위한 효과적인 훈육의 방법

매일 아이와의 끊임없는 전쟁에서 엄마가 아이에게 화내는 것은 나쁜 엄마가 아니고 육아에 치여서 쉬지 못하고 너무 힘들기 때문이다.

'혹시 나는 형편없는 엄마가 아닐까?'

'내가 아이를 잘못된 방법으로 훈육하고 있는 엄마가 아닐까?'

엄마가 이런 생각하는 경우 자신의 잘못된 방법 때문에 아이가 말을 듣지 않고 말썽 피운다고 자책하며 우울해한다.

엄마가 긍정적인 생각보다는 마음속으로 부정적인 생각을 하면 할수록 더 부정적인 기운이 생긴다. 누구나 육아를 하는 초보 엄마라면 온갖 고민을 하고 힘들어 할 것이다. 완벽한 엄마, 완벽한 아내, 완벽한 딸, 완벽한 며느리가 되기는 거의 불가능하다. 완벽한 사람이 존재한다는 것은 드라마나 영화에서 가능한 얘기다. 완벽한 엄마, 슈퍼 맘이 되려고 생각하지 말아야 한다. 아이의 훈육에는 정확한 사용설명서가 존재하지 않는다. 아이들의 기질에 따라 타고난 성격이 다르고 매일 성장하는 속도도 다르다. 엄마는 자신감을 가지고 자신을 의심하지 말고 용기를 내어서 아이를 가르쳐야 한다.

초보 엄마가 처음 유아의 훈육을 시작할 때 혼자서 모든 일을 하려고 하면 몸보다는 마음이 앞서서 생각이 많아지고 감정적으로 변하게 될 수도 있다. 완벽한 엄마라는 존재는 거의 불가능하다. 아이와 꾸준히 조금씩 노력하며 자신을 만들어 가는 엄마가 되어야 한다.

아이가 성장해감에 따라 자신만의 생각을 가지게 되고 감정을 표현하는 수위가 뚜렷해지고 반항심도 늘어나게 된다. 아이가 성장하는 데 있어 정상적인 과정이니 엄마가 자연스럽게 받아들여야 한다.

아이가 잘못했을 경우 훈육이 필요하다. 아이의 어떤 행동이 잘못되어 부모가 화가 났는지 이유를 설명해주고 아이의 잘못을 바로잡아 주어야 한다. 아이에게 스스로 생각해볼 수 있는 시간을 주어야 한다. 같은 실수를 반복하지 않게 하는 데 필요한 과정이다.

엄마를 위한 훈육이 아니라 아이를 위한 훈육을 하는 경우에 체벌을 하면 안 된다. 부모에게 매를 맞은 아이일수록 아이는 어른들의 폭력적인 성향의 모습을 따라 하게 된다. 또한, 아이의 인지발달에 부정적인 영향을 받는다. 유년 시절의 경험 때문에 폭력과 힘에 대한 공포심을 가지게 되어 성격이 안 좋게 바뀐다. 아이는 체벌로 인해 자존감이 떨어지고 수치심을 가지게 된다.

체벌 대신 아이를 위한 효과적인 훈육의 방법은 아이를 눈앞에 세우고 몸을 양팔로 붙잡아 행동을 멈추게 해야 한다. 눈을 아이와 맞춰 바라보면서 위험한 행동이 잘못되어서 엄마가 화났다는 것을 단호한 목소리로 알려주어야 한다.

그 후에 아이에게 정해진 시간 동안 한 장소에서 서 있게 해야 한다. 아이는 혼자 서 있는 시간을 통해서 감정을 가라앉히게 되며 자신의 잘못을 반성할 시간을 갖게 된다. 벌로는 아이가 하고 싶어 하는 활동을 못하게 해야 한다. 적절한 벌로 엄마 심부름하기, 장난감 정리하기, 방 청소하기 등의 방식으로 벌을 주어야 한다. 앞에서 나열한 것과 같은 방식으로 훈육을 하게 되면 엄마를 위한 훈육이 아닌 아이를 위한 훈육을 하게 된다.

아이의 기질과 성격에 맞게 훈육하라

나를 파괴하지 않는 것은 나를 강하게 한다.
- 니체 -

균형잡힌 훈육을 위한 양육하기

타고난 기질과 성격은 아이마다 다르다. 같은 육아법이 적용되지 않는 부분이다. 정상적인 아기들은 첫돌 전후해서 걸음마를 하기 시작한다. 아이들은 혼자 걷기 시작하게 되면 마음대로 다녀보고 싶어 한다. 부모의 말을 듣기보다는 아이의 생각대로 천방지축 돌아다니게 된다. 아이가 육체적으로 심리적으로 성장하면서 부모의 간섭과 통제 없이 하고 싶어 하고 호기심이 왕성해지게 된다.

부모는 이 시기에 아이에게 '현실적 한계'라는 것을 제시해야 한다. 현실에 맞추어서 아이의 욕구를 조정해주고 타협하는 법을 가르쳐주어야 한다. 부모는 아이의 성장을 지켜보면서 아이의 욕구와 감정을 인정해주고 세상은 자기 뜻대로 되지 않는 것도 있음을 알려주어야 한다.

아이에게 현실적 한계를 가르쳐주는 것이 바람직한 모습이지만 상반되게 부모의 유형에서 아이를 과잉보호하는 때도 있다. 아이가 해달라는 대로 다 해주는 경우, 아이의 비위를 맞춰주는 타입, 아이의 기를 꺾으면 안 된다는 생각으로 아이에게 맞춰주는 경우이다. 과잉보호는 옳지 않은 방법이다. 아이가 원하는 것만 하도록 내버려 둔다면 어린아이로만 머물러 있게 된다. 적절한 절제와 타협을 가르쳐야 한다.

아이의 기질과 성격에 맞게 훈육하려면 적절한 당근과 채찍이 필요하다. 흔들리는 부모는 흔들리는 아이를 양산한다. 엄마가 어린 시절에 엄격하고 권위주의적 가정에서 자란 경우 지나친 통제로 인해 힘들었던 마음을 가지고 있다. 이러한 것에 대한 반작용으로 자신의 아이는 방임하게 되는 예도 있다. 허용적이거나 방임적인 분위기에서 자란 아이들은 자신에게 필요한 자기 절제력을 스스로 발전시키지 못한다고 한다.

아이들이 스스로 조절하는 힘을 갖고 자기 절제력을 갖기를 부모들은 바란다. 균형잡힌 훈육을 위한 양육을 하려면 명확한 규칙과 벌칙을 정해야 한다. 적절한 타협안도 제시해야 한다. 모든 결정권은 엄마에게 있다. 예를 들면, 손을 씻기 전에는 식사할 수 없다는 것이라든가 책을 읽기 전에는 유튜브 동영상을 볼 수 없다는 것이다.

엄마는 목소리를 차분하고 단호하게 얘기해야 한다. 아이의 징징거림이나 감정에 동요되면 안 된다. 아이에게 비아냥거리거나 약을 올리면 안 된다. 엄마는 아이에게 전하려는 메시지와 약속의 원칙을 단호하게 알려주어야 한다.

부모가 만들어놓은 한계에 저항하는 것이 일반적인 아이들의 행동이다. 한계를 지켜야 하는 것은 부모의 몫이다. 아이의 기질과 성격에 맞는 기대와 한계를 미리 설정해놓아야 한다. 만약 한계를 넘어서서 규칙을 어기게 되면 예상치 못한 결과를 알려주어야 한다. 예를 들면 "어떤 유튜브 동영상을 원하는지 모르겠지만 형제끼리 엄마 보는 앞에서 계속해서 싸우게 된다면 둘 다 유튜브 동영상은 볼 수 없다."

효과적으로 아이와 소통하려는 방법은 서로에게 자기 생각을 말할 기회를 주어야 한다. 엄마가 먼저 아이의 말을 중단시키거나 비웃으면 안 된다. 아이가 자기 생각에 대해서 명확하게 설명하지 못할 때 엄마가 대신 아이의 생각을 객관적으로 정리해주면 좋다. 아이가 잘못했는데 자신의 잘못을 인정하지 않는 경우가 생긴다. 엄마와 말싸움이 되는 경우가 되는 것이다. 이러면 무조건 아이가 잘못을 인정하도록 강요하면 안 된다. 엄마는 한 발짝 뒤로 물러서서 이 상황에서 벗어날 수 있도록 기회를 주어야 한다. 아이와 잘 소통하는 방법은 반드시 아이의 처지에서 생각해보고, 엄마의 행동에 잘못된 점이 있다고 생각이 된다면 아이에게 솔직하게 사과해야 한다.

아이의 기질과 성격에 맞게 훈육하기

어려서부터 부모의 관심과 배려를 많이 받은 아이는 성장하면서 사람들과의 관계에 있어서 문제를 해결하는 능력이 뛰어나게 된다고 한다. 부모의 기질과 성격에 맞는 훈육과 교육 태도가 아이의 욕구 좌절 인내성과 문제 해결 능력에 많은 영향을 준다고 한다. 환영받는 아이가 되는 관건은 가정 교육의 방법이다.

일관된 훈육은 교육 원칙 중의 가장 기본적인 방법이다. 엄마는 아이가 지켜야 할 원칙을 세우고, 훈육의 방식도 부모가 서로 일치해야 한다. 가정 내에서도 아이가 지켜야 할 규칙을 정해주게 되면 아이가 자기 멋대로 행동하게 되는 것을 줄일 수 있다. 예를 들면 엄마의 물건에 대해서 허락 없이 가져가면 안 되며, 허락을 구해야 한다는 규칙을 정해서 알려주어야 한다. 가정을 벗어나 밖에서 생활할 때에도 다른 사람의 물건을 절대로 허락 없이 가져가면 안 된다는 것을 인지시켜주어야 한다. 허락 없이 가져가는 것은 나쁜 행동이고 강탈이라는 것을 알려주어야 한다.

엄마는 아이가 어렸을 때부터 친한 친구, 친척들, 이웃의 아이와 교류를 시키며 타인과의 관계 속에서 양보와 배려를 가르쳐주어야 한다. 엄마는 아이가 어떤 문제에 마주쳤을 때 빨리 해결할 수 있게 도와주는 것이 아니라, 아이가 스스로 생각하고 해결 방법을 찾을 수 있는 시간을 주어야 한다, 요즘 엄마들은 아이가 스스로 행동하는 것을 기다려주지 못하고 많은 일을 대신 해주는 경우도 있다. 옳지 않은 방법이다. 엄마가 아이를 앞서가서 도와주는 것은 아이의 독립심과 배울 기회를 빼앗는 것이나 다름없다.

아빠와 엄마가 사이가 좋지 않은 상황이 발생할 때 아이를 자기편으로 끌어들이려는 경향이 나타날 수도 있다. 이러면 아이를 자기편으로 끌어들이려는 말은 아이에게 심리적으로 스트레스를 주게 되고 부정적인 영향을 미친다. 아이는 부모의 영향으로 대인 관계에 영향을 미쳐 또래 간에도 편 가르기와 험담을 하게 될 수도 있다. 아빠와 엄마가 서로 사랑하는 모습을 아이에게 보여주면 아이는 안정감을 느끼게 되고 긍정적인 정서로 바른 행동이 늘어나게 된다.

엄마는 아이가 타고난 재능이 무엇인지 지속해서 관찰하면서 아이만의 장점을 발휘하도록 격려해야 한다. 완벽한 아이는 세상에 존재하지 않는다. 완벽한 아이로 키우기 위하여 아이의 약점을 지적하려 하지 말고 강점을 드러낼 수 있도록 칭찬을 많이 해줘야 한다.

아이의 감정에 공감해주는 것이 필요하다. 아이를 자존감 있는 아이로 키우는 데 있어서 제일 중요한 것은 공감이다. 부모가 아이의 장점을 키워주기 위해서는 세밀한 관찰과 적절한 방법으로 공감대를 형성해주어야 한다. 제일 좋은 방법은 아이의 '생각 나누기' 시간을 가지면서 공감을 형성해주면 좋다. 예를 들면 동화책을 아이와 함께 읽으면서 동화책의 주인공 마음을 얘기하고 상상의 나래를 펼치며 주인공이 힘든 일을 맞닥뜨렸을 때 어떻게 해결하면 좋을지에 관한 얘기를 아이와 나누는 것이 포인트다.

부모는 이성적인 경청자가 되어주어야 한다. 아이를 지지해주고 아빠, 엄마와 함께 고민하면서 적극적으로 해결 방법을 찾아낼 수 있다는 것을 아이가 믿게 만들어야 한다.

안정적이고 바람직한 부모의 유형은 자녀와 수시로 자유롭게 소통하고, 부모가 정해놓은 가정 안에서의 벌칙과 명확한 규칙이 있어야 하며, 어느 정도의 탄력적인 유연성이 적용되어야 아이와의 타협도 가능하다. 가정에서 모든 결정권도 부모가 갖게 된다.

아이의 기질과 성격에 맞게 훈육하는 데 있어서 아이의 부족한 부분을 채우는 데에만 급급한 부모가 되면 안 된다. 각각의 아이의 취미와 장점에 대해 관심을 갖고 몰입하는 부분에 대해 부모가 적극적으로 밀어주어야 한다.

이 럴 땐 이 렇 게 , 육 아 필 살 기 !

아이가 말보다는 손이 먼저 나가요!

자기 뜻대로 되지 않으면 엄마를 때리고, 물건을 던지며 화를 드러낸다. 아이에게 공격성을 적절히 처리하는 방법을 가르치기 위해서는 부모부터 공격적 행동을 보이지 않는 것이 중요하다. 부모는 '아이의 거울'이기 때문이다. 아이 버릇은 초기에 잡아야 한다는 생각에 공격적인 행동을 강하게 통제하면, 아이는 자신의 본능인 공격성을 적절히 조절하지 못해 유치원 선생님에게 반항하고 친구를 괴롭히게 될 수도 있다.

공격적인 아이를 기를 때, 일단 아이의 행동을 규제하거나 야단쳐야 한다고 생각한다. 하지만 아이의 공격성을 완화시키기 위해서는 오히려 공격적인 성향을 마음껏 표출하고 발산하게 하는 것이 좋다. 억지로 억누르거나 야단을 치면 공격성은 더 강하게 작용한다. 우선 아이가 자신의 감정을 마음껏 표현하게 한 다음 감정을 조절시키고 올바르게 행동하는 법을 차분히 가르치도록 한다. 단, 아이의 공격성이 폭력으로 나타난다면 그 즉시 단호하게 제지시켜야 한다.

반복된 폭력은 습관으로 굳어질 가능성이 크기 때문이다. 아이가 손으로 때

리려고 하면 그 손을 잡고 움직이지 못하게 하며 부모가 힘이 더 세다는 것을 보여 줄 필요도 있다. 그렇게 하면 힘으로 해결하려는 버릇을 잡아 줄 수 있다. 또한 '생각하는 의자'를 마련하여 아이가 공격적인 행동을 할 때마다 그 의자에 앉아 1~2분 정도 반성하게 해야 한다. 하지만 이때 방문을 닫거나 방이 어두우면 무서움에 무엇을 반성해야 할지 알지 못할 수 있으니, 엄마 아빠를 볼 수 있는 장소에 의자를 마련하는 것이 좋다.

출처 : 『신의진의 아이 심리백과』, 신의진, 갤리온 출판사

잘못된 행동에 일관성 있게 반응하라

어떤 일을 하기 위한 시간은 절대로 찾을 수 없을 것이다. 시간을 원하면 만들어내야 한다.
- 찰스 벅스톤 -

긍정적인 마음으로 내 아이 바라보기

아이가 나쁜 버릇을 가지고 있어서 고치려고 한다면 나쁜 버릇을 없애려고 하기보다는 좋은 버릇을 칭찬해주는 것이 효과적이라고 한다. 엄마가 아이를 혼내는 경우는 아이가 엄마 말을 듣지 않는 경우, 동생과 싸울 경우, 아빠 말을 듣지 않는 경우, 놀이터에서 집에 가야 할 시간인데 더 놀겠다고 떼를 쓰는 경우 등 나쁜 버릇으로 행동할 때 혼내게 된다.

반대로 아이가 엄마 말을 잘 듣거나 동생과 사이좋게 지낼 때, 아빠 말을 잘 들을 경우, 시간 약속을 잘 지킬 때는 칭찬을 많이 해주고 상을 주는 방법으로 바꾸게 되면 아이는 동생과 싸우는 일이 줄어들게 된다.

아이에게 칭찬해줌으로써 좋은 버릇이 나와도 나쁜 버릇과 행동도 같이 나오게 된다. 이럴 때 야단치거나 때리지 말고 강도를 낮춘 순화된 방법으로 아이를 체벌하는 게 효과적이다. 가정마다 특정한 공간에 의자나 방석을 마련해 반성하는 공간을 만들어 주어야 한다. 의자나 방석으로 '생각하는 장소'라고 아이에게 알려주고 아이가 나쁜 행동이나 버릇이 나올 때 '타임아웃 훈육법'을 적용해 정해진 시간 동안 '생각하는 의자'에서 반성하게 하는 것도 좋은 방법이다.

타임아웃 훈육법은 아이가 잘못된 행동을 했을 때 조용한 장소로 데려가 일정 시간 동안 접근을 제한하고 아이의 행동을 돌이켜보고 반성하게 하는 훈육 방법을 의미한다고 한다. 혼자만의 장소에서 감정을 추스르고 반성하는 시간을 갖게 하는 것이 목표인 훈육 방법이다.

육아에서 중요한 것은 아이가 감성적으로 안정감을 유지할 수 있도록 부모가 배려해주는 것이다. 문제아로 처음부터 태어나는 아이는 없다. 부모가 어떻게 아이를 대하느냐에 따라 아이는 달라질 수 있다. 아이에게 문제가 있다는 것은 부모가 아이를 대하는 육아 방법에 문제가 있다는 것을 의미한다.

아이를 훈육할 때 중요한 것은 아이의 자질이 아니라 부모의 태도와 마음가짐이다. 부모가 바뀌어야 아이도 달라진다. 부모가 긍정적인 마음을 가지고 아이를 내해야 한다. 부모의 마음이 바뀌면 아이가 귀여워 보이게 되고 무엇을 하든 감사한 마음, 즐거운 마음이 들게 된다. 진심으로 아이에게 감동하여 칭찬을 자주 하게 된다. 칭찬을 자주 들은 아이는 떼를 쓰고 잘못된 행동과 반항을 일삼던 아이도 엄마를 도와주기도 하고 말을 할 때 고분고분 순종하기도 한다. 아이를 다스리기 전에 엄마 마음 먼저 다스려야 한다.

아이가 잘못된 행동을 했을 때는 잘못을 정확하게 짚어주고 지적해서 다음에 같은 행동을 하지 않도록 방향을 잡아주어야 한다. 아이가 공공장소나 사람들이 많은 장소에서 제멋대로 행동하거나 떼를 쓰면 내버려두는 부모도 있고 바로 잡으려고 하는 부모도 있다. 하지만 아이를 위한 교육에서는 그냥 내버려두면 안 된다. 아이가 잘못된 행동을 하거나 떼를 쓰면 정확하게 잘못을 지적해주고 다시 반복하지 않도록 방향을 잡아주고 단호하게 훈육해야 한다. 사회는 규칙으로 이루어져 있다. 가정에서도 올바른 규칙을 지키는 것부터 훈육해야 한다.

아이가 잘못된 행동을 하거나 규칙을 어기면 아빠와 엄마가 엄하게 혼내는 것을 인지하고 있어야 한다. 아이를 훈육할 때에는 아이의 잘못한 점만 가지고 야단을 쳐야 한다. 아이의 지난 행동이나 인격, 성격을 들먹이면서 야단치면 안 된다. 아이의 잘못된 행동과 말에 대해서만 야단치고 하면 안 되는 이유를 설명해주어야 한다.

예를 들면 아이와 약속할 때에는 "엄마와 약속했기 때문에 네가 한 약속을 지킬 거라고 믿어, 하지만 약속을 어기면 생각하는 의자에 가서 앉아 반성하는 시간을 줄 거야."라고 분명하게 말해야 한다.

충분히 격려해주고 칭찬해주기

아이의 잘못된 행동에 일관성을 가지고 문제점을 훈육할 때에는 아이를 위한 공감적 경청을 해주어야 한다. 아이의 행동과 말에 집중하며 눈은 아이에게 시선을 고정하며 아이가 말할 때도 맞장구를 쳐주어야 한다. 예를 들면 "~구나" 하는 식이다. 엄마의 반응을 최소화하고 아이의 마음과 말을 들어주어야 한다.

아이를 위한 훈육을 할 때 일관성을 유지하고 아이와의 약속은 무슨 일이 있어도 지켜야 한다. 두 돌이 지난 아이가 텔레비전을 보고 있는 경우의 예를 들면, 아이가 텔레비전을 끄기 전에 엄마가 강제로 끄지 않는다. 아이 스스로 마음의 정리를 하게 하는 것인데, 텔레비전을 틀기 전에 아이에게 약속을 먼저 받는다.

프로그램이 끝나면 전원 버튼을 끄자고 하는 것이다. 프로그램이 종료하고 선전이 나오게 되면 아이에게 스스로 텔레비전을 끄게 한다. 아이가 다른 영상이 보고 싶다고 하면 연속해서 보여주지 않고 다른 놀이를 해주거나 책을 읽어준다. 처음에는 스스로 텔레비전을 끄기까지 10분 정도 걸리지만, 여러 번 훈육해준 결과로 아이는 텔레비전에 '빠이빠이' 한

마디만 해도 알아서 잘 끄게 된다. 아이에게 약속이 무엇인지 알려주고 지키는 법을 알려주면 된다.

평소에도 아이가 자기 생각을 말할 때 엄마는 될 수 있는 대로 끼어들지 않는 게 좋다. 아이가 자신의 의견을 잘 정리해서 표현할 수 있도록 적극적으로 도와주어야 한다. 아이의 이야기가 다 끝난 후에 엄마가 이어서 이야기를 하게 되면 아이와의 의사소통을 더 효과적으로 하게 된다.

은연중에 무심코 형제간이나 자매간, 이웃집 아이나 친구와 비교하게 되는 말을 부모는 될 수 있는 대로 지양해야 한다. 아이마다 장단점이 있는데 선천적인 자질을 비교하고 지적하는 말을 하는 것은 절대 하면 안 된다. 엄마는 아이의 장점을 파악해서 많이 칭찬해주어야 한다. 형제나 다른 집 아이와 비교해서 아이의 단점을 들춰내는 대신, 장점을 이용해서 단점을 극복하게 해야 한다. 아이를 훈육할 때 형제나 다른 사람의 단점을 들춰내고 비판하면 상대방도 상처를 받게 된다는 것을 알려주어야 한다. 아이가 어렸을 때부터 또래 친구를 사귀는 것도 아이의 바른 성장에 영향을 주는 매우 중요한 요소가 된다.

아이들은 모든 일상에서의 사소한 이야기를 부모와 나누고 싶어 하는 경향이 있다. 부모가 시간을 내서 아이가 관심 있어 하는 부분을 귀 기울여 들어주고 대화를 많이 나누어야 한다. 예를 들면 아이가 다른 아이들과 함께 놀고 있을 때 장난감을 나누어 노는 것을 거부하는 경우의 상황이 발생할 수 있다. 많은 엄마가 아이에게 "친구와 같이 나누어 놀지 않으면 집에 간다.", "나누지 않고 혼자만 다 가지려고 하면 친구가 다시는 너랑 놀고 싶지 않을 거야."의 말로 꾸짖게 된다.

그래도 아이가 나누지 않고 혼자 가지고 있으면 엄마는 물건을 강제로 빼앗아 다른 아이들에게 주게 된다. 아이가 울음을 터뜨리게 되는 상황이 발생할 수도 있다. 이런 경우 아이의 마음속에는 나눈다는 것을 무서운 일로 인지하게 되고, 양보하고 배려하며 나눈다는 의미에 대해서 어려움을 겪게 될 수도 있다.

따라서 아이들이 서로 장난감을 가지고 놀다가 먼저 가져가려고 할 때, 엄마는 아이가 상황을 어떻게 해결하는지 지켜본 후에 개입 여부를 판단해야 한다. 예를 들어 친구들이 자신의 아이에게 장난감을 나눠 주지 않고 고집을 피우고 있으면 엄마는 아이에게 일관되게 가르쳐주어야 한다.

"나도 너희랑 같이 가지고 놀고 싶어. 나한테도 나눠주면 조금만 가지고 놀다가 돌려줄게."

자신의 바람을 분명하게 말로 표현하며 언제 돌려줄지 말하는 방법을 가르쳐주어야 한다. 나눔을 거부하는 아이에게는 다른 친구들도 같이 놀고 싶어 한다는 것을 상기시켜 주고, 'win-win' 하는 방법을 만들어 주어야 한다. 물물교환하는 방식으로 서로 장난감을 바꿔 놀거나 번갈아 놀게 하는 것이다. 아이의 잘못된 행동에 대해서 일관적으로 훈육하고 아이에게 나눔을 배울 기회가 올 때 충분히 격려해주고 칭찬해주어야 한다.

AMOR
AMOR
AMOR

- 3장 -

매번 혼나고도 같은 행동을 반복하는 아이를 위한 육아 필살기

성공적인 훈육을 위한 7가지 원칙

사람에게는 그 어떤 것도 가르칠 수 없다.
단지 자신의 내면에 있는 것을 발견하도록 도와줄 수 있을 뿐이다.
- 갈릴레오 갈릴레이 -

성공적인 훈육으로 내 아이 키우기

엄마가 아이의 성공적인 훈육을 위한 7가지 원칙은 아래와 같다.

첫 번째, 배려와 양보를 가르쳐야 한다.

두 번째, 바른 행동과 말의 습관을 가르쳐야 한다.

세 번째. 타임아웃 훈육법을 적용한다.

네 번째, 회복 탄력성을 길러주어야 한다.

다섯 번째, 자제력을 길러주어야 한다.

여섯 번째, 아이의 자존감을 높여주어야 한다.

일곱 번째, 아이의 기질과 성격에 맞게 훈육해야 한다.

아이의 사회 발달 과정을 나이별로 나타내보면, 만 1살에서 만 2살 사이의 아기는 아빠와 엄마의 목소리를 구분한다. 다른 아기가 울 때 자신도 따라서 운다. 생후 7개월 정도부터 낯선 사람이나 낯선 장소에 대한 두려움을 가지고 있다.

만 2살에서 만 3살 사이의 아기들은 물건이나 사람을 물거나 때리는 행위를 한다. 혹은 해서는 안 되는 행동을 통해 아빠와 엄마의 주의를 끈다. 장난감 자동차나 인형, 블록을 혼자 가지고 놀 줄 안다. 타인의 표정을 보고 울음, 웃음과 같은 감정을 판단하기도 한다.

만 3살에서 만 4세는 무언가를 스스로 하고 싶어 하고 독립심을 가지고 혼자 행동하려고 한다. 아빠와 엄마에게 칭찬을 듣고 싶어 한다. 나눔에 대해서 인지하고 생각할 수 있게 된다. 유아기 때의 혼자 놀이보다는 친구들끼리 놀면서 친구를 의식하고 다른 친구의 행동을 모방하기도 한다.

만 4살에서 만 5살 아이는 감정 표출을 빈번하게 한다. 부모에게 감정 표출은 자신의 의도대로 관심을 끄는 방법이기 때문에 보채고 울기도 한다. 아이는 자라면서 자유와 통제의 균형을 맞춰야 하는데 엄마에게 혼날 것을 알면서도 일부러 규칙을 어기기도 한다. 같이 놀 친구도 찾으려 한다.

아이는 똥이나 방귀 등을 얘기하는 것을 좋아하고 즐거워하며 반복하려 한다. 부모는 창피해하지만 아이들은 주의를 끌어 같이 놀 친구를 찾는 것으로 사회적인 발달 과정의 한 부분이다. 또한, 똥이나 방귀 얘기가 재미있다고 생각해서 타인을 즐겁게 해주려는 의도이기도 하다. 엄마는 아이가 똥이나 방귀 얘기를 즐겨한다고 걱정하지 말고, 특별한 반응을 보이지 않으면 일정 시기가 되면 횟수가 줄어들게 된다.

아기가 성장하면서 행동을 통제해야 할 때 부모가 시간을 가지고 설명해주지 않고 일방적인 권위로 아이에게 명령하면 아이는 점차 반항적인 성격을 가지게 된다. 명령과 위협은 긍정의 효과보다는 아이에게 오기와 반발을 불러오게 될 수도 있다. 부모가 감정에 따라 아이를 야단치거나 화를 내면 안 된다. 아이가 수용할 수 있는 시간과 실행 가능한 벌칙을 말하는 것이 효과적이다.

엄마는 내 아이가 바르게 행동하기를 바란다. 나이와는 상관없이 아이에게 자존감을 높여주어야 한다. 부모가 싫어하는 것은 아이도 싫어한다. 아이가 친구를 때렸을 경우 부모는 당황하여 바로 훈계하게 된다. 때로는 화를 내면서 아이를 체벌하게 된다. 아이가 부모에게 체벌을 받게 되면 아이의 생각에 모방의 대상이 될 수도 있다. 모순된 생각과 행동은 아이에게 혼란을 불러온다.

부모는 자주 스마트폰을 보고 채팅을 하고 있으면서 아이에게는 스마트폰이 안 좋다고 얘기하는 때도 있다. 부모가 두 가지 기준을 두고 말하는 경우 아이는 의문을 가지게 되어 되물을 것이다. 아빠와 엄마는 스마트폰을 수시로 들여다보면서 아이에게는 안 좋다고 말하는 것에 대해서 두 가지 기준을 두는 경우는 삼가야 한다.

아이를 위한 육아 필살기

아이를 훈육할 때 난관에 부딪히는 경우가 있다. 아이가 자기 뜻대로만 행동하면 채찍과 당근을 번갈아 사용해야 한다. 부모의 강한 태도, 때로는 부드럽고 유머 있게 다른 모습을 보여주어야 한다. 아이를 대하는데 좌절을 느낀다면 부정적인 엄마의 생각부터 바꿔야 한다.

아이들은 부모의 성격을 닮는다. 아이가 부정적인 모습을 보인다면 엄마는 긍정적인 모습을 보여주어야 한다. 고집이 있고 규칙을 지켜야 한다고 생각한다면 아이에게 융통성 있게 대해주어야 한다. 아이마다 개성이 있으므로 엄마는 아이에게 맞춰 교육을 해주어야 한다.

만 2세의 나이는 반항기가 처음 시작되는 나이이다. 아이에게 중요한 자율성 확립을 훈육하기 위해서 엄마의 적절한 통제가 적용되는 시점이다.

'안 할 거야.', '싫어.', '몰라.', '나 안 해.' 등으로 말하는 것은 아이가 발달하는데 자연스럽게 나타나는 행동이다.

적절하게 통제하면서 애착 관계를 형성해주어야 한다. 일부러 해달라고 떼쓰고, 하지 말아야 할 행동은 하고, 울고불고 난리를 치기도 하고, 걷기 싫어서 계속 안아 달라 보채고…… 아이의 발달 과정에서 자연스럽게 나타나는 현상이다. 아이들은 자기중심적이다. 또한, 자신의 독립성을 보이고 싶어 하며 목적을 이루기 위해 계속 떼를 쓰며 난리를 친다. 부모의 당황하는 모습을 보면서 아이를 어떻게 교육해야 할지는 부모에게 달려 있다.

첫아이를 데리고 마트에 장을 보러 간 적이 있다. 진열대에 진열된 장남감 자동차를 보며 사달라고 조르기 시작했다. 집에 장남감 자동차가 많은 상태라서 안 된다고 여러 번 얘기하고 주의를 주었지만, 소용이 없었다. 아이는 자기 뜻대로 되지 않자 큰 소리로 울고 떼를 쓰기 시작했다.

"울음을 그치면 엄마한테 와. 그다음에 엄마랑 다시 얘기하자."

자리에서 멀어져 아이의 행동을 지켜보았다. 주변에 사람들이 웅성거리고 아이는 큰 소리로 심하게 울다가 조금씩 잦아들기 시작했다. 눈물과 콧물이 가득한 아이는 엄마에게 달려와 울먹였다.

"잘못한 거 같아요. 다음부터 안 그럴게요."

효과적으로 아이의 울음을 그치게 했다. 아이가 잘못했을 때 아이의 행동을 중단시키고 다른 장소로 격리하고 조용하게 자신의 행동을 반성하게 하는 방법을 타임아웃이라고 한다. 아이를 울지 못하게 하는 것이 아니라 우는 아이를 장소에 격리한 후 "울려면 방에서 울어, 다 울고 나면 다시 방에서 나와도 좋아!"라고 단호하게 얘기한다. 타임아웃의 방법을 지속해서 아이에게 사용하면 생떼를 쓰는 경우가 줄어들 것이다.

아이가 울 때 배고프거나 졸려서 우는 것이 아니라면 만 3세 정도 이후부터 울고불고 난리 치는 강도가 줄어들게 된다. 아이가 성질을 부릴 때 엄마가 관심을 보이거나 하면 아이는 성질을 부리는 강도가 세진다. 엄마의 권위에 도전하는 공격적인 말을 하거나 성질을 부린다. 엄마의 인내심을 시험하는 것처럼 당황하게 한다. 상황을 파악한 후에 평정심을 되찾아야 한다. 아이의 관점에서 생각을 이해해야 아이가 이유 없이 화내는 것을 줄일 수 있다. 엄마는 아이를 교육하기 전에 자신을 돌아보고 잘못을 고치려고 노력해야 한다.

아이를 위한 성공적인 훈육에 있어서 엄마가 아이를 보는 관점과 프레임을 바꾸게 되면 마음에 여유를 가지게 될 것이다.

아이에게 바라는 것이 무엇인지 알게 하라

근면은 행운의 어머니이다.
- 벤저민 프랭클린 -

기다릴 줄 아는 아이로 키우려면

부모와 많은 상호작용을 경험한 아이는 인지 반응이 우수하다. 또한, 부모와의 애착 관계도 형성이 잘된 아이들은 타인과의 관계를 맺는 것도 수월하다. 미운 세 살이라는 나이가 되면 엄마의 일관성 있는 태도가 중요하다. 일관성 있게 아이를 규제하고 명확한 규칙을 세워서 행동해야 아이가 스스로 엄마를 따르게 된다. 예전보다는 요즘 아이들은 언어와 인지 발달이 빠르다. 아이의 성질은 엄마가 적절하게 조절해주어야 한다. 아이와 같이 성질을 내서 맞대응하는 방법은 옳지 않다.

아이가 자기 뜻대로 안 될 때 성질을 부리면 무시해야 한다. 아이가 계속해서 화를 낸다면 엄마에게 자신의 얘기를 들어달라는 행동이다. 이런 경우 아이를 무관심하게 대하면 아이는 엄마가 자신을 사랑하지 않는다고 느껴 안 좋은 영향을 미치게 된다. 좋은 애착 관계를 형성하려면 무관심하게 대하면 안 된다.

엄마는 아이가 자기 생각을 이야기했을 때, 옳은 말과 정답을 제시해주기보다는 아이에게 반문해서 더 많이 묻고, 더 많이 생각할 수 있도록 격려해주어야 한다. 아이가 자신이 배운 지식에 대해서 엄마가 의문을 품게 되면 아이는 더 크게 성장하게 된다. 아이는 성장할수록 자신의 의견을 강하게 주장한다. 아이가 잘못된 의견을 주장할 때 부모는 적절하게 이유를 알려줘야 한다. 권위적이고 일방적으로 훈육하기보다는 합리적인 방법으로 가르친다면 아이는 조리 있게 말하고 주관이 있는 아이로 자라게 된다.

부모는 많은 시간을 투자해서 아이에게 영어의 알파벳을 가르치고 숫자와 한글, 한문을 가르친다. 말을 듣지 않고 고집이 센 아이에게는 어렸을 때부터 감정을 통제하는 능력과 역경을 견뎌내는 힘을 길러주는 방법을 알려줘야 한다. 아이가 친구와 어울릴 때도 장난감을 같이 가지고 놀아야 하고, 나눔의 법칙을 실현하며 다양한 생각들을 받아들이며 타인과 어울려 살아가야 하는 방향을 제시해줘야 한다. 아이가 가지고 있는 고집을 긍정적인 방향으로 바꾸어 좋게 사용하게 된다면 아이가 성장하면서 성공하게 될 가능성이 커진다.

기다릴 줄 아는 아이로 키우려면 부모가 지킬 수 있는 약속을 해야 한다. 자제력은 올바른 선택을 하는 데 있어서 필요한 요소이다. 아이는 자제력과 의지에 따라 자신의 운명을 개척해나갈 수 있다.

호아킴 데 포사다의 『마시멜로 이야기』의 내용에 보면

연구원들은 15분을 참고 기다려 마시멜로를 한 개 더 받은 아이들과 15분을 참지 못하고 마시멜로를 먹어 치운 아이들의 10년 동안의 성장 과정을 비교해서 결과를 발표했다고 한다. 15분을 참았던 아이들이 그렇지 못한 아이들보다 학업 성적이 훨씬 뛰어났다고 한다. 또한, 친구들과의 관계도 원만했다고 한다. 겨우 15분이었지만 그 시간을 참고 견딘 아이들이 그렇지 못한 아이들보다 성공적으로 성장하고 있다고 한다. 당장 눈앞에 보이는 유혹을 참고 견뎌낸다면 언젠가는 더 큰 만족과 보상을 얻을 수 있다고 한다.

자신의 욕구를 제어하지 못하는 아이, 기다리지 못하는 아이, 인내심이 없는 아이는 짜증이나 화를 많이 내고 성장하는 데 있어서 거칠고 매사에 부정적인 아이로 자라게 된다.

아이의 자제력을 키워주는 방법에는 적절한 기대를 하게 해주고 다음에 대한 생각을 하도록 유도해야 한다. 또한 아이에게 기다림의 시간을 알려주어야 한다. 아이는 시간 개념이 발달하지 않았기 때문에 기다리다가 갖고 싶거나 하고 싶은 장남감이나 물건을 못 가지게 될까 봐 엄마에게 조바심을 내거나 보채게 되는 것이다. 아이에게 구체적인 기다림의 시간을 알려주어야 한다. 예를 들면 '숫자 1부터 50까지 세어보자, 5분 동안 엄마가 시간을 잰다.'와 같이 얘기하면 습관이 길러진다.

아이의 이야기 경청해주기

혼자 있는 것이 무섭다고 얘기하면 아이가 하는 얘기에 대해서 귀 기울이고 경청해주는 것이 좋은 방법이다. 화를 내는 모습이나 놀림, 무시하는 행동을 하면 아이는 안정감을 느끼지 못한다. 아이의 마음을 이해하고 있다는 것을 알려주고 엄마와의 사이에도 지켜야 하는 최소한의 규칙이 있다는 것을 얘기해주어야 한다.

아이가 자신의 편을 들어주는 사람이 있다는 것을 알면 일부러 엄마의 말을 듣지 않거나 기준을 어기려고 한다. 이럴 때 엄마에게 전적으로 훈육을 맡겨야 한다. 엄마가 아이의 행동에 맞추어 규칙을 잘 설명해주고, 아이의 감정을 잘 통제하고 있다면 지속적인 훈육을 엄마가 하도록 해야 한다.

아이가 엄마 말을 듣지 않고 본인이 하고 싶은 행동만 하면 아이의 문제 행동을 지적하고 앞으로 해야 하는 행동에 관해서 설명해준다. 중간에 아이의 마음을 헤아려 주는 말을 해주면 좋다. 그러한 행동이 안 되는 이유도 설명해주어야 한다. 그래도 아이가 그치지 않고 문제 행동을 계속하면 앞으로 받게 될 벌에 대해서 경고해주어야 한다. 아이가 엄마의 말을 잘 실행하면 칭찬을 많이 해주어야 한다. 만일 아이가 말을 듣지 않게 되면 경고한 대로 이행한다. 엄마 말을 듣지 않아서 벌을 받게 되고 벌을 받게 한 후에 다짐을 받아야 한다. 벌을 준 후에 엄마가 아이에게 일관된 감정이 아닌 감정적으로 대하게 된다면 아이에게 좋지 않은 영향을 미치게 된다.

두 살에서 세 살 정도의 아이는 성장하면서 부모의 시선에서 격려, 애정, 금지 등 많은 것을 배우게 된다. 아이들은 바깥 세상에 대한 호기심이 강해지는 시기여서 집 안에 있는 것보다는 집 밖으로 나가 생활하는 것을 좋아한다. 밖으로 나가자고 엄마를 조르는 일이나 공원이나 놀이터 등을 데리고 나갔을 때 집에 들어가지 않겠다고 고집을 피우는 일이 종종 발생하기도 한다. 사회성은 집안에서보다 집 밖에서 배우는 경우가 더 많다. 아이를 놀이터나 공원으로 자주 데리고 산책하는 예도 괜찮다.

아이는 자아가 형성되는 시기가 되면 반항적이고 공격적인 성향을 나타내게 된다. 한편으론 친구들의 감정을 이해할 수 있게 되고 부모나 친척, 다른 사람의 말에 서서히 귀를 기울이게 된다. 친구들과 사이좋게 지낼 줄도 알게 되고 다른 사람을 도와주기도 한다. 친구 입장이나 엄마 입장이 되어 생각해보기도 한다. 아이들은 자신의 몸을 움직이고 기어오르고 뛰면서 자신의 몸에 대해 깨닫게 되고 성취감과 자신감을 느끼기도 한다. 아이가 어려서 실수를 많이 해도 독립심을 키워가는 시기이므로 혼자 할 기회를 많이 주어야 한다. 엄마는 격려와 칭찬을 아끼지 말아야 한다.

아이는 자신이 중요한 존재이고 세상의 중심이라고 생각한다. 아이의 주관적 자아이지만 정체성을 찾아가는 시기이기 때문에 엄마의 적극적인 격려와 지지가 필요하다. 긍정적이고 자신감 있는 자아를 형성할 수 있도록 부모가 도움을 주어야 한다.

엄마가 아이에게 바라는 것을 이야기할 때 또는 칭찬할 때 몸이나 손을 잡고 신체 접촉을 통하여 마음을 전달하는 것이 효과적인 방법이다. 엄마의 지지를 받는 아이는 항상 안정감이 있게 된다. 엄마가 아이를 이해할수록 안정감을 주게 된다. 부모가 불안해하는 성격이라면 더욱 여유를 가지고 내 아이의 장점을 찾아 확실하게 격려해주어야 한다. 세상에는 많은 사람의 수만큼 사람의 성격도 다양하고 기질도 다르다. 그러므로 아이를 극단적인 한 가지 방법으로 가르쳐 나아갈 수 없다. 아이의 기질과 성격에 따라 조절해야 한다. 엄마가 아이에게 바라는 것을 정확하게 인지시켜 아이와 함께 성장해야 한다.

권위 있고 단호하게 말하라

천재는 1퍼센트의 영감과 99퍼센트의 노력으로 이루어진다.
- 토머스 에디슨 -

사랑과 애정으로 내 아이 들여다보기

육아의 기본이 되는 것은 아빠와 엄마의 조건 없는 아이에 대한 사랑이다. 아이가 잘못하더라도 부모는 변함없이 아이를 사랑한다는 사실을 느낄 수 있게 해주어야 한다. 아이가 잘못된 행동을 하더라도 감정적으로 상처를 주면 안 된다.

아이가 어떤 일을 특별히 잘할 때만 칭찬하는 것이 아니라, 평상시에도 아이에게 애정 표시를 해주면서 관심을 두는 모습이 필요하다. 권위 있는 아빠와 엄마가 갖추어야 하는 조건은 발달 수준에 맞는 자극과 엄격함이다. 아이들은 미성숙하고 어리기 때문에 잘못된 행동을 하더라도 잘못된 행동인지를 모르고 행동할 때가 빈번하다. 이럴 때 부모는 올바른 대안을 제시해주고 제한해야 한다. 이후에 엄격함이 필요하다. 조건 없이 아이를 허용하는 것이 아니라, 아이를 사랑해주면서 아이의 잘못은 엄격하게 다스려주어야 한다.

좋은 자극이란, 아이의 발달 수준에 맞는 적절한 자극을 말한다. 아이가 아빠와 엄마 곁을 떠나도 잘 살 수 있게 도와주고, 독립된 존재로 만들어 주는 것이 부모의 역할이다. 부모는 아이를 자신의 욕심으로 인한 소유물로 여겨 간섭하고 함부로 다루면 안 되고 반대로 과잉보호도 안 된다. 권위 있는 부모란 능력과 힘이 있고, 관대함, 따뜻함, 공정함을 가진 사람을 말한다고 한다. 아이는 권위 있는 부모에게서 안정감과 안전감을 느끼며 독립적이고 자율적인 사람으로 자랄 수 있게 된다.

아이의 발달 수준에 맞지 않는 과잉 자극이나 조기 교육은 아이에게 자신감을 떨어뜨리게 만들고 공부를 회피하게 되는 요인이 될 수도 있다. 독재적인 부모의 경우는 아이가 자아존중감이 낮고 과도한 스트레스를 받는다. 훈육 방법에 따라 아이는 순종적인 모습을 보이기도 하고 반면에 공격성이 높아지거나 스스로 통제 능력의 문제가 드러날 수도 있다. 허용적인 부모의 경우는 아이에 대한 애정은 많지만, 아이의 나이에 맞는 적절한 통제가 부족하기도 하며 대화가 적을 수도 있다.

권위 있는 부모의 경우는 사랑과 애정으로 아이에게 따뜻하고 자상한 태도를 보이며 아이를 소유물로 여기지 않고 인격체로 대해주려고 노력한다. 아이가 지켜야 할 사항을 명확하게 제시하고 제한해야 할 사항도 설정한다. 권위적인 부모 아래서 성장하는 아이들은 독립적이며 자아존중감이 높고, 매사에 자신감이 있으며 긍정적인 발달을 나타낸다.

부모의 조건 없는 사랑은 아이를 육아시키는 데 있어 가장 기본이 되는 사항이다. 조건 없는 사랑으로 아이를 대해야 한다. 아이에게 늘 관심을 두는 태도가 중요하다. 긍정적인 시선으로 이야기를 잘 들어주며 사랑을 베풀어야 한다. 아이들은 사회적인 규범과 규칙, 세상에 대해 백지상태로 태어나기 때문에 아이들이 잘못하더라도 일부러 한 행동이 아니고 모르고 한 행동이라는 것을 간과하면 안 된다.

아이의 발달 수준을 고려한 적절하고 필요한 자극이 좋은 자극이다. 아이에게 무조건 많은 장난감과 책을 준다고 해서 자극을 잘 주는 것이 아니다. 예를 들면 신생아의 아기에게 책을 읽힌다고 하고 걸음마를 시작한 아기에게 과도하게 영어 관련된 영상을 틀어주는 것은 좋지 않다. 아이가 인지할 수 있는 자극을 주어야 좋은 자극이다. 아이의 발달 수준을 넘어서는 자극을 주게 되면 아이는 지루해하고 학습에 대한 회피나 자신감이 저하되는 부작용을 낳게 된다.

부모는 권위 있고 단단하게 말하기

아이가 만 2세가 되면 또래 아이들과 어울려 놀게 된다. 각자 장난감이나 놀이를 하며 서로 어울리기 시작하게 된다. 노는 가운데 아이는 친구들을 통해서 사회성이 발달하는 시기이기도 하다. 술래잡기나 소꿉놀이, 블록 놀이 등을 통해 놀이의 범위를 확장해나간다.

이 시기에 대해서 규칙에 대해서 잘 모르기 때문에 아이는 이기적이고 자기중심적인 모습을 보인다. 친구들과 어울리게 될 때도 욕심을 부리거나 자기 마음대로 하려는 경향도 보여서 싸움을 하는 예도 있다. 친구와 다툼이 생겼을 경우 엄마가 나서서 싸움을 권위 있고 단단하게 중재해주는 것이 효과적이다.

아이가 또래 친구나 다른 사람을 만나는 범위가 넓어지고 기회가 많아지므로 타인을 대하는 방법에 대해 엄마가 가르쳐주어야 한다. 어른에게는 존댓말을 써야 하고, 만나거나 헤어질 때는 인사를 해야 하며, 예의 바르게 행동해야 한다는 것을 알려주어야 한다.

만 3살이 되면 아이가 나타내는 대표적인 특징은 무엇이든지 본인이 하겠다며 나서는 행동이다. 옷을 제대로 입지 못하고 물건을 제대로 챙기지 못하면서 엄마의 도움을 뿌리치고 거절하기도 한다. 아직 미흡해서 혼자서 하다가 실수하는 예도 많다. 뭐든지 혼자서 하겠다고 독립적으로 행동하려고 하는데 부모가 저지하려고 하면 아이는 짜증을 부르고 화를 낸다. 밖으로 나가면 아이는 집안에서보다 더욱 두드러지게 행동하는 예도 있다. 사람들이 많이 모인 공공장소 백화점이나 대형할인점에 가서 더 떼를 쓰고 트집을 잡는 경우가 있다. 이럴 때는 아이를 좁은 공간으로 데리고 가서 지도하며 타이르는 것이 좋다고 한다.

아이는 다양한 정서를 공유하고 느낄 수 있게 된다. 질투심, 공포, 분노, 수치스러움, 기쁨 등의 감정과 처한 상황에 따라서 언어나 행동으로 폭넓게 표현하게 된다. 정서가 발달함에 따라서 아이는 자신이 가진 감정을 숨길 줄도 알게 되고 자기 의도나 기분과는 다르게 말하기도 한다. 거짓말을 하거나 남 탓을 하는 시기이기도 하다. 변덕도 자주 부리고 말도 잘 듣지 않고 고집도 세진다. 금지하는 행동에 대해서 일부러 하는 것처럼 보이고 미운 짓만 더 많이 한다. 아이를 무작정 무시하거나 윽박지르기보다 다른 대안을 제시하며 권위 있고 단단하게 말한 후에 여러 가지 체험 활동을 통해서 아이가 스스로 깨닫게 해야 한다.

아이가 책을 읽는 흉내를 내기도 한다. 아빠나 엄마가 읽어주었던 그림의 페이지를 기억하고 외워서 읽는 흉내를 내는 예도 있다. 한글을 인지하고 깨우쳐서가 아니고 읽어주었던 내용과 그림을 연결해 스스로 이야기를 만들어내며 읽는 척도 한다. 아이가 의도하는 이야기가 장황하고 말이 연결이 안 되더라도 부모는 귀 기울여 들어주고 관심을 적극적으로 보여주는 태도가 중요하다.

아이는 커가면서 사회와 조화를 이루며 살아나가야 한다. 사회적 규칙을 이해하고 지켜야 하는 것은 꼭 필요한 자세다. 만 3세 이후의 아이들은 생활과 관련된 규칙에 대해서 이해하고 지킬 수 있게 된다. 예를 들면 쓰레기는 쓰레기통에 버려야 하고, 버스를 탈 때는 차례를 지켜 타야 하고, 사람들이 아이스크림을 사기 위해 줄 서 있는 가게 앞에서는 순서를 기다리며 차례대로 아이스크림을 사야 한다는 규칙을 가르쳐주어야 한다. 규칙을 지켜야 하는 이유를 잘 알지 못하기 때문에 부모는 친절하게 설명하고 알려주어야 한다. 아이는 지켜야 하는 규칙보다는 칭찬을 듣고 싶어 하는 경향을 보인다. 질서의 필요성을 알려줘야 하는 부분이다.

아이가 거짓말을 시작하는 시기이기도 하다. 아이가 거짓말을 하면 피노키오 동화 이야기를 들려주면 "거짓말인지 아닌지 엄마가 맞춰 볼까? 거짓말하면 어떻게 되는지 알 텐데. 거짓말하는 순간 피노키오처럼 코가 길어져, 어라…. 벌써 코가 자라나고 있네!"라고 하면 아이는 자신의 코를 만져보고 거울을 보면서 놀라며 울음을 터트릴 수도 있다. 아이는 자신만의 사고의 틀을 가지고 세상을 바라보기 때문에 피노키오의 동화에서 나온 이야기를 그대로 믿을 수도 있다. 아이의 마음을 헤아려주며 다독여주어야 한다. 아이가 생각이나 감정을 말로 표현한 후에 엄마는 권위 있고 단단하게 말하면서 거짓말하면 안 된다는 다짐을 받아야 한다.

잘못을 스스로 깨달을 수 있도록 하라

성공은 당신에게 가지 않는다. 당신이 성공을 향해 가야 한다.
- 마르바 콜린스 -

나이에 맞게 훈육하기

긍정적인 고집을 가진 아이가 되도록 하는 방법을 들여다보면, 만 1세 아이는 표현 능력은 부족하지만, 부모가 하는 말은 알아듣는다. 엄마는 아이의 인내심과 관찰력을 길러주어야 한다. 또한, 나눔과 배려의 의미도 알게 훈육해야 한다.

만 2세 아이는 자기중심적 사고가 강하다. 고집이 센 나이라서 자기가 의도하는 대로, 하고 싶은 것을 휘두르려고 하는 경향이 있다. 엄마가 정해놓은 규칙에 대해서도 그대로 따르려고 하지 않는다. "싫어.", "안 해."

를 자주 말한다. 기분에 따라 엄마에게 반항하고 나쁜 행동을 하며 예의와 규칙을 지키려고 하지 않는다.

만 3세가 되면 부모와의 소통이 중요한 시기이다. 일상생활에서 아이에게 자연스럽게 협력하는 방법을 알려주어야 한다. 단체활동의 경험과 타인과의 관계를 통해 관찰력과 적응하는 방법을 제시해주어야 한다. 단체로 활동하는 경우는 아이가 친구들의 행동을 관찰하고 모방하게 되는 때이다.

만 4세가 되면 아이가 주도적으로 무언가를 하려는 나이이다. 아이의 능동적인 행동을 적극적으로 칭찬해주고 격려해주어야 한다. 세수하기, 양치하기, 식사 후 먹은 그릇 싱크대에 가져다 놓기, 불을 켜고 끄기 등 일상적인 일들을 아이에게 시범으로 보여주고 다시 스스로 따라 하게 하는 것이 좋다. 부모가 모든 것을 통제하고 아이가 연습할 기회를 주지 않고 대신해주는 방법은 옳지 않다.

3살~4살 정도가 되어도 손가락을 빠는 경우가 있다. 이런 경우는 관심과 애정의 부족이나 스트레스 징후인 경우가 많다고 한다. 아이가 손가락을 빨고 있다고 금지하거나 혼을 내지 말고 신체 접촉을 충분히 해주고 말을 자주 걸어주어야 한다. 아이가 보호받고 있다는 느낌이 들게 해주고 애정을 많이 주어야 한다.

만 5세가 되어서 아이와 소통하게 되면 아이는 자신의 자존감이 높아지며 고집을 꺾고 부모에게 칭찬받으려고 노력한다. 아이의 개성과 성격은 만 6세를 전후해서 거의 형성된다고 한다. 자신감에 차 있고 밝고 긍정적인 성격을 지니고 있다. 또한, 자신의 감정이나 생각을 정확하게 표현할 줄 안다. 아이는 일방적으로 부모에게 말을 하려고 하는 경향도 있다. 이럴 때 엄마는 일방적으로 아이의 생각만을 들으려고 하지 말고 엄마의 생각도 말해주면서 대화하게 되면 아이는 타인의 마음도 헤아리게 되고 자신감도 키워나가게 된다.

아이가 어렸을 때부터 제대로 된 훈육을 통해 아이의 미래를 좌우할 올바른 품성을 길러 줘야 한다. 바른 품행을 가르쳐야 할 시기를 놓치게 되어 아이를 다시 되돌려 놓으려면 많은 시간과 노력이 필요하고, 아이는 아이대로 짜증과 반항심이 커져 부정적인 감정을 나타내게 된다. 아이가 어릴 때 일상에서 자기가 하고 싶은 대로 원하는 대로 하는 것은 발달 과정에서 자연스러운 일이다. 그렇지만 아이가 성장해가면서 부모는 아이가 하고 싶어 하는 것과 잘못된 행동을 제지하지 않으면 아이의 인내성을 길러줄 수 없다. 기다림을 통해 원하는 것을 얻을 수 있는 것을 깨달아야 인내성을 키울 수 있다.

만 5세 이상이 되면 스스로 인지할 수 있는 능력이 발달한다. 텔레비전의 예능이나 코미디 프로그램을 좋아하고 즐거워하며 듣고 본 것을 따라

하고 흉내 내면서 자기식으로 친구들에게 얘기를 들려주기도 한다. 아이는 또래 친구들과의 놀이를 통해서 많은 것을 배운다. 사람과 관계를 맺어야 하는 방식에 대해서도 배울 수 있게 되고 자신의 모습이 상대방에게 어떻게 받아들여지는지, 어떤 모습으로 비치는지를 알 수 있다.

만 5세를 전후해서 본격적으로 거짓말이 시작된다. 상상력이 발달하고 사용하는 언어가 늘어나고 확장되면서 아이는 거짓말하기 시작한다. 거짓말은 커가면서 자연스럽게 사라지게 되는 예도 있지만, 거짓말을 습관처럼 사용하는 아이도 있게 되는데 이러한 경우는 아이가 관심을 충분히 받지 못했을 수 있다. 아이가 거짓말을 할 때 부모가 반드시 적절한 반응을 하고 훈육을 해야 한다.

거짓말한 아이에게 잘못됐다는 것을 스스로 깨달을 수 있도록 부모도 함께 노력해야 하는 부분이다. 아이의 마음을 진정으로 이해하고 아이가 사랑받고 있다는 느낌이 들도록 해준다면 거짓말하는 것을 통제할 수 없는 것은 아니다.

아이의 천성과 양육 사이

마틴 셀리그만은『긍정심리학』에서 "부정적인 기분은 전투적인 사고를 활성화한다. 슬픔, 분노, 공포와 같은 부정적인 감정을 느끼게 되면 우리 두뇌는 자동으로 그런 감정의 원천을 회피하도록 하고 결과적으로 참을성이 더욱 줄어든다."라고 말했다. 평소에 긍정적인 사람도 아이를 키우면서 부정적인 생각에 사로잡힐 수도 있다. 아이에게 부정적인 말을 하지 말아야 한다. 긍정적인 언어 표현을 통해 자녀의 강점을 부각할 수 있다.

아이를 약점보다는 강점과 잠재력에 초점을 맞춰 표현해주면 긍정적으로 바뀔 수 있다. 긍정적으로 아이를 대하면 인식도 바뀌고 행동도 변화시킬 수 있어 가족과의 관계도 돈독해지고 협력하기가 수월하게 된다.

아이의 타고나는 첫 반응은 기질로 설명할 수 있다. 기질은 아이의 기분, 활동 수준, 마음을 진정시키는 능력을 결정한다. 성인들도 살아가면서 사람이나 사건에 대해 어떻게 반응하고 행동하는지는 거의 태어날 때부터 정해진다고 한다. 이후에 정해지는 것은 천성과 양육 방식이 중요하다. 아이가 성장함에 따라 드러내는 기질은 경험과 나이, 교육에 따라 달라진다. 부모의 역할은 아이가 자기 기질을 이해하고, 강점을 살리면서 적절히 표현하도록 가르쳐주며 자극을 주는 것이다. 부모가 적절히 이끌어주는 활발한 아이는 자기 에너지를 긍정적인 방법으로 표현하는 방법을 익히게 된다.

부모는 아이의 기질을 바꾸려고 하지 말고 받아들여야 한다. 부모가 아이의 근본적인 성격을 통제하기는 어렵다. 아이와 효과적으로 관계를 맺는 방법, 서로를 좋아할 방법, 함께 협력할 방법에 대해서 에너지를 쏟아야 한다. 아이에게 초점을 맞춰서 일상생활에서 아이의 특별한 기질을 맞추고 조정해 나갈 방법을 찾아야 한다.

아이의 기질을 존중하면서 가르침과 적절한 지시를 준다면 아이의 협력을 얻어낼 수 있게 된다. 가족들과의 저녁 먹기 15분 전에 예고해주고 준비할 시간을 주는 것이다. 책을 읽기, 장난감 정리하기, 놀이터에서 놀고 오기의 특정 활동 다음에는 밥을 먹을 수 있다는 과정을 만들어 두면 좋다. 아이는 다음 행동으로 넘어가는 동안 심리적으로 시간적인 여유를 갖게 된다.

아이와 건강한 관계를 형성하려면 교감이 필요하다. 아이의 기질도 중요하지만, 부모의 기질 특성도 중요하다. 아이의 잘못으로 인해 힘들어지는 이유가 아이의 반응 특성 때문이 아니라 부모의 기질 차이 때문일 수도 있다.

아이가 잘못을 저질러 감정을 격려하게 폭발시키면 엄마는 머리끝까지 화가 나서 속이 새까맣게 탄다. 엄마는 자신의 감정을 가라앉히기 위해 심호흡을 하게 된다. 엄마는 침착함을 유지해야 한다. 격렬한 감정을 제대로 처리하고 아이를 대해야 한다.

아이가 잘못해서 야단칠 때 격렬한 감정으로 부정하는 말이나 상처 주는 말을 하면 안 된다. 엄마는 연습해야 한다. "아이는 처음부터 엄마를 화나게 하려고 잘못한 건 아니야." 스스로 다짐을 해야 한다. 아이의 행동이 의도적이 아니라고 생각하면 아이를 다른 프레임으로 바라보게 된다.

아이에게 엄마가 화난 상태에서는 상대하지 말고 몇 분 후에 다시 돌아오겠다고 알려주어야 한다. 아이와의 자리를 떠나 심호흡을 하고 마음을 가라앉힌 후에 대해야 한다. 엄마가 성숙한 태도를 유지하며 잘 가르쳐 준다면 아이가 잘못을 저지르는 빈도도 줄어들 것이다.

이 럴 땐 이 렇 게 , 육 아 필 살 기 !

화가 나면 울고불고 난리가 나요!

아이가 소리를 지르며 울며 뒤로 넘어갈 때만큼 난감한 경우가 없다. 조금만 자기 뜻대로 안 되어도 화를 내고 닥치는 대로 차고 집어던지고, 고래고래 소리를 지르고 감정 격분 행동을 보일 때 가장 중요한 것은 부모의 의연한 태도다. 그 어느 상황에서도 부모가 감정적으로 흔들려 화를 내서는 안 된다. 절대로 아이의 감정에 휘말리면 안 된다. 아무리 달래도 아이가 행동을 멈추지 않는다면 의연한 태도로 기다려야 한다. 난리를 친 흔적은 아이가 직접 치우게 해야 한다. 말로 표현하는 연습을 시켜야 한다.

아이의 감정이 가라앉았다면 그 후 마무리를 잘해야 한다. 아이의 과격한 행동이 사그라졌다고 안심하고 넘어갈 것이 아니라, 화난 감정을 말로 표현하는 방법을 알려주어야 한다. 굳이 과격한 행동을 보이지 않아도 엄마가 충분히 자기 마음을 헤아린다는 것을 깨달으면, 아이 스스로 행동을 교정해 갈 수 있다. 더불어 화가 난 이유까지도 이야기하게 하면 좋다. 아이가 화난 이유를 말하면 우선은 그 감정을 부모가 이해한다는 것을 충분히 알려주어야 한다.

아이의 감정을 일단 이해해준 다음, 세상의 모든 일이 항상 자기 뜻대로 되지는 않는다는 이야기를 해주어야 한다. 이것은 아이의 감정을 조절하는 데 있어 무척 중요한 역할을 한다.

출처 : 『신의진의 아이 심리백과』 신의진, 갤리온 출판사

야단친 후 30분 이내에 이유를 설명해주라

결정을 내리는 순간에 최선은 옳은 것을 하는 것이다. 최악은 아무것도 하지 않는 것이다.
- 테오도어 루스벨트 -

내 아이 이해시키기

어린아이들은 감정에 한 번 사로잡히면 쉽게 이성적으로 행동하지 못한다. 마트의 계산대에서 질서를 참지 못하고 소리를 지르거나 친구의 장남감을 자신이 갖고 싶다고 우기는 경우가 있다. 다른 아이에 대한 공격적인 행동을 하거나 부모의 말을 듣지 않고 독불장군처럼 행동하는 경우 그 자리에서 바로 잡으려고 하기보다는 평소에 가르치는 것이 좋다. 무언가 잘못했다는 것을 깨달은 엄마가 30분 이내에 설명해주지 않으면 골든 타임을 지나게 된다.

바른 품행을 가르쳐야 할 시간을 놓치고, 후에 아이를 가르치고 올바른 길로 되돌려 놓으려고 하면 아이는 짜증과 반항의 부정적인 감정으로 일관하며 행동할 수 있게 된다. 아이에게도 존중해주는 것이 필요하다. 아이의 행동을 제한할 때에는 이유를 알려주거나 다른 선택권을 주어서 아이의 마음을 돌려야 한다.

엄마와 아이가 외출하고 마트에 가게 되는 경우가 있을 때, 미리 장난감 판매대나 계산대에서 떼를 쓰면 앞으로는 장난감을 사주지 않을 것이라고 얘기해주어야 한다. 반복되는 행동을 하고 떼를 쓰는 상황이 자주 있다면 엄마는 마트에 데리고 가지 않는 편이 낫다. 아이는 인내하는 시간이 짧고 참을성도 부족하다.

아이의 행동반경이 예상되는 상황에 아이가 반복되는 행동을 하게 되는 것은 엄마의 잘못으로 인한 아이의 그릇된 점이다. 아이가 피우는 고집은 엄마와의 힘겨루기에서 중요한 역할을 하는 기질의 특성이다. 아이가 행동하는 목적과 동기를 인식하고 고집을 적절한 방향으로 돌려주어야 한다. 아이의 고집을 긍정적으로 받아들이는 자세가 중요하다. 아이에게도 가치를 일깨워준다면 아이는 안정감을 느끼게 된다. 침착해지고 엄마에게 협력하게 된다.

엄마가 큰 목소리로 말한다고 해서 아이는 일방적으로 위협적으로 느끼지 못한다. 단호한 목소리로 확신을 두고 "~하는 게 규칙이야. 네가 이 규칙을 지킬 수 있게 엄마가 도와줄게."라고 얘기해주어야 한다. 엄마가 확실한 의지를 갖추고 규칙을 준수하는 것에 대해 요구하는 것을 단호한 엄마의 목소리를 통해 느껴야 한다. 아이를 이해한다는 것은 아이의 장점을 파악하고 살리고, 아이의 타고난 기질을 죽이지 않으면서 적당하게 행동하는 법을 가르치는 것이다.

식사하는 자리에서 부주의하게 음식을 쏟거나, 친구의 장난감을 뺏어오거나, 동생을 괴롭히는 행동 등을 하게 되면 제지를 하고 야단쳐야 한다. 30분 이내에 아이에게 이유를 설명해주어야 한다. 아이에게 다가가서 몸을 낮추고 "인제 그만!"이라고 단호하게 말해야 한다. 큰소리를 지를 필요는 없다. "그만."이라는 말은 "안 돼."라는 말보다 훨씬 효과적이라고 한다.

"안 돼."라는 말은 고집이 센 아이의 반항심을 불러일으킬 수 있다고 한다. 반면에 "그만."은 하던 행동을 당장 중단하라는 의미이기 때문에 30분 이내에 설명해주고 난 뒤에 그다음에 적절한 행동이나 말을 가르쳐주면 된다.

유치원 놀이터에서 세 살짜리 남자아기가 놀이터에서 모래를 가지고 장난을 치고 있다. 모래를 사방으로 날리면서 먼지를 피웠다. 자칫하면 다른 아이들의 호흡기와 눈에 들어갈 수 있다는 점을 아이는 생각하지 못하고 놀고 있었다. 유치원 선생님이 다가가 아이 곁에 가서 말했다. "모래를 날리니까 위험해 보인다. 네가 모래를 가지고 놀 때 친구가 옆에 있거나 지나가면 어떻게 하지?" 아이는 선생님의 속뜻은 알지만 그런 말을 듣는 게 짜증 난다는 표정을 지었다. 선생님은 아이 옆에서 기다리면서 생각할 시간을 주었다.

"모래 놀이는 안전하지 않으니 다른 놀이를 하면 좋을 것 같다."

아이는 저항하지 않고 모래 놀이를 멈추었다. 질문을 던져 걱정을 표현해주면 아이는 생각할 기회를 얻게 된다. 아이의 부적절한 행동을 중단시키는 좋은 결과가 얻어진다.

엄마의 올바른 훈육

아이가 책임을 남 탓으로만 돌리는 경향이 있다면 엄마는 아이에게 잘못이 있을 때 그 상황에서 벗어나게 해주면 안 된다. 아이가 잘못한 일이 있다면 "잘못했어요. 죄송해요. 제 잘못이에요. 다음에는 잘못하지 않도록 할게요. 다음에는 잘할게요."라는 말을 하면서 잘못에 대한 책임을 질 줄 알아야 한다. 다음 잘못한 상황을 개선하도록 노력하게 해야 한다. 아이가 자신을 향해서 비난하지 않고 자신이 저지른 행동에 문제점이 있고, 잘못했다는 것을 확실히 일깨워주고 알려주어야 한다.

아이를 야단치거나 혼을 낼 때 원인이 가끔 엄마 때문이면 잘 생각하고 행동해야 한다. 과장된 비판은 삼가야 한다. 아이는 행동을 바꾸려고 할 때 지나치게 수치심과 죄의식이 생길 수 있다. 반대로 어떤 잘못된 일을 저질러도 비판하거나 훈육하지 않는다면, 아이가 책임감도 생기지 않고 스스로 행동을 바꿀 의지를 갖지 못하게 된다. 엄마가 야단을 칠 때 구체적이고 충분히 바뀔 수 있는 사항을 들어 비판하게 되면 아이는 낙관적인 사고를 배우게 된다. 아이가 잘못했을 때 능력이나 성격이 아니라 일시적인 원인에 중점을 두어 구체적으로 야단치는 것이 중요하다.

엄마의 올바른 훈육은 아이의 낙관성을 유지하고 키워줄 수 있으며, 유년 시절 아이의 올바른 경험은 아이가 가진 낙관주의를 더욱 단단하게 만들어줄 수 있게 된다. 어린 시절의 올바른 경험들이 아이의 낙관적 사고를 형성하고 유지하는 데 중요하다. 엄마는 아이가 경험하는 것에 대해서 낙관적인 사고로 이어질 수 있도록 신경을 쓰고 도와줘야 한다.

엄마가 감정적으로 예민해지면 아이의 신경도 엄마의 감정을 따라서 예민해지게 된다. 아이는 엄마가 감정을 드러내면 진지하게 받아들이게 된다. 아이는 부분적으로 부모에게 많은 생각을 받아들이기 때문에 부모가 비관적인 사고를 가지고 있으면 안 되고 긍정적인 사고로 바꾸어야 한다.

아이의 양육 원칙으로 들어가 보면 긍정적인 태도로 아이를 키우고 체벌은 금지해야 한다는 것이다. 아이는 성장하면서 많이 탐험할수록 큰 성취감을 얻게 된다. 아이는 탐험하지 않으면 성취감을 얻지 못하게 된다. 반대의 경우 아이는 자신이 안전하고 행복하다고 생각하게 되면 마음껏 탐험하고 모험을 즐기게 된다.

긍정적인 태도는 아이의 두려움을 몰아내고 많은 탐험을 할 수 있게 하여 성취감을 만들어 준다. 부모가 긍정적인 모습을 보여주면 아이도 긍정적인 기분을 느끼게 된다. 성취감을 북돋아주게 되는 것이다. 하지만, 아이의 칭찬에 대해서는 아이를 단순히 기분 좋게 하기 위해서가 아니라 아이의 성공 여부에 따라서 해주어야 한다. 쓸데없는 과도한 칭찬은 아이에게 독이 될 수도 있다. 아이의 잘하고 못하고에 상관없이 칭찬하거나, 칭찬의 정도를 제대로 지키지 않는 상황이 되면 아이는 무기력해질 수도 있다.

아이가 문제 행동을 일으켜서 야단칠 때는 체벌을 하는 것이 가장 효과적인 편이다. 하지만, 실제로 아이는 자기가 무엇 때문에 벌을 받는지 모르는 상황도 발생한다. 아이는 자기에게 야단치고 벌주는 사람에 대해서 혐오감을 느끼게 될 수도 있다. 체벌할 때 아이는 위축되고 두려움을 느끼게 된다. 아이에게 야단치고 벌을 준 후 어떤 행동 때문에 벌을 받는 것인지 아이에게 충분하게 설명해주어야 한다. 아이의 성격이나 품성을 야단치는 것이 아니라 아이가 저지른 구체적인 행동만 야단쳐야 한다. 아이가 한 행동 때문에 야단맞는 것을 30분 이내에 설명해주면 된다.

야단친 후 30분 이내에 아이에게 이유를 설명해주어야 아이는 이해를 한다. 이유를 설명해주어야 아이는 이해를 하게 되고 수월하게 받아들일 수 있게 된다. 30분 이후로 벗어나면 잘못한 상황에 대한 이유를 이해하지 못하게 될 수 있다.

자주 안아주고 토닥이며 사랑한다고 말해주라

우리의 꿈들은 모두 실현될 수 있다. 우리가 그것들을 이루고자 하는 용기만 있다면.
- 월트 디즈니 -

올바른 행동을 아이에게 가르치기

아이가 자신의 감정과 행동에 대해서 반성하고 고집스러운 행동을 고치게 하려면 엄마의 융통성 있는 훈육이 필요하다. 아이의 기질과 성격에 맞춰서 맞추는 양육이 중요하다. 아이의 문제 행동은 객관성보다는 주관적인 감정으로 자신을 들여다보고 자신의 감정을 제대로 표현하지 못해서 생기는 경우다. 문제 상황이 발생할 때 엄마는 문제 행동의 원인을 파악하여 아이에게 알려주고 아이가 다음에 취해야 할 목표 행동을 알려주어야 한다.

아이는 성장하면서 실패를 통해 나쁜 기분을 겪어 보기도 하고 목적을 달성할 때까지 노력해야만 성취할 수 있다는 것을 알게 된다. 나쁜 기분과 실패는 긍정적인 성공과 좋은 기분에 필요한 바탕이 된다. 아이는 실패를 겪어보기도 한다.

불안, 슬픔, 분노 등의 다양한 감정을 경험해보게 된다. 부모가 아이가 실패를 겪지 않도록 보호한다는 것은 아이가 경험할 기회를 뺏는 것이다. 또한, 어려움에 부딪혔을 때 아이가 받을 충격을 최소한으로 줄여주고 칭찬만 해준다면 목표를 이루는 것에 대해서 방해하는 것이다. 아이가 실패를 피해가게 하는 것이 아니라 실패도 겪어봐야 성취감을 경험하게 된다.

열정과 따뜻함이 넘치는 분위기, 조건 없는 사랑과 조건적인 칭찬, 분명한 안전 신호, 계속 일어나는 좋은 일들은 아이의 삶에 긍정성을 더해주는 것이라고 한다. 아이가 좋은 생각을 가질 수 있도록 도와줄 방법은 아이의 잠드는 시간을 활용하여 아이가 잠들기 바로 전에 엄마와 함께 시간을 정해놓고 하루의 시간에서 있었던 나쁜 일들과 좋은 일들을 되돌아보는 시간을 갖게 해주는 것이다. 점점 엄마는 아이 마음속에 긍정적 생각의 비율을 높여주면 된다.

엄마는 아이에게 낙관적인 생각하도록 이끌어줌으로써, 아이가 자신에 대해서 알아가고 자기 자신과 세계에 대해 호기심을 갖도록 가르쳐주는 것이다. 자신에게 일어난 일들을 적극적인 자세로 자신의 삶을 만들어 갈 수 있도록 가르쳐야 한다. 아이를 자주 안아주고 토닥이며 사랑한다고 말해주어야 한다. 아이의 좋은 행동을 끌어내는 데 체벌은 좋은 않은 방법이 될 수 있다. 효과적인 방법은 올바른 행동을 아이에게 가르치고 아이가 제대로 행동했을 때 격려해주는 것이다.

적절하지 못한 행동을 했을 때는 반드시 그 대가를 치르도록 해야 한다. 대신 다음에는 아이가 성공을 규칙으로 삼도록 유도해야 한다. 규칙을 위반했을 때의 대가는 활발하고 고집 센 아이의 행동을 제지하는 수단이 된다. 엄마의 목표는 균형 잡힌 통제다. 아기가 충분히 존중받는 느낌이 들려면 "안 돼."라고 말하거나 "해도 돼."라고 분명히 말해주어야 한다.

아이가 고집이 세다면 규칙을 명확하게 하고 일관성을 유지해야 한다. 고집을 꺾을 수 없는 상황에 몰렸을 때 더 나은 해결책을 찾아야 한다. 좋은 부모는 과도한 통제와 방임 사이에서 균형을 잡은 모습을 보여주는 것이다.

아이는 자기중심으로 행동한다. 보이는 대로 느끼는 대로 말한다. 타인도 자기처럼 생각한다고 믿는다. 작은 일이라도 스스로 칭찬하고 격려해주어야 한다. 자주 안아 주고 토닥이며 사랑한다고 말해주면 아이의 잠재성이 극대화될 수 있다. 활력이 넘치는 아이는 끊임없이 움직이고 뛰고 올라가려고 하므로 부모는 아이를 안전하게 보호하고 아이의 에너지를 긍정적인 방식으로 사용하게 이끌어주어야 한다.

아이가 행복하면 부모도 행복하다

아이의 기질에 따라 다르지만 예민함 때문에 긴장감과 스트레스를 그대로 분출하는 때도 있다. 아이의 감정이 통제가 안 되는 경우가 있다. 아이가 계속해서 쌓아두다가 넘치는 폭발은 무시한다고 멈춰지지 않는다. 아이의 기질에 따라 감정 폭발의 원인이 무엇인지 찾게 도와주어야 한다. 혼자 우는 아이, 흥분을 주체하지 못하고 뛰어다니는 아이, 비명을 지르는 아이 등 엄마가 감정을 제대로 파악하는 것이 중요하다.

어떻게 해야 하는지, 폭발을 중단할 방법을 가르쳐주어야 한다. 아이는 혼자 힘으로 통제할 수 없다. 아이가 진정된 다음에 적절한 행동이나 말을 가르쳐주어야 한다. 아이의 기질을 존중하고 한계를 인정해주어야 한다. 부모의 도움을 받게 되면 아이는 점차 자신의 기질 특성에 대해서 어떻게 통제할 것인지를 배우게 된다.

아이가 격렬한 감정 상태에 있을 때 엄마가 아이 옆에 있다는 것 자체만으로도 아이가 마음을 진정시키는 데 중요하다. 자기를 걱정해주고 언제든 도와줄 엄마가 옆에 있기를 바란다.

껴안거나 토닥이고 등을 두드리는 등의 신체 접촉으로 아이의 감정 폭발이 해결되는 예도 있다. 감정이 폭발한 상황에서 지켜야 하는 행동 규칙을 정해두는 것도 중요하다. 아이가 폭발했을 때의 행동에 대해서 한계를 만들어두는 것이다. 아이와 함께 규칙을 만들어 정한 후에 제안할 권한을 주는 것도 좋은 방법이다. 규칙을 알려준 다음 큰 소리로 읽어주어서 기억할 수 있도록 각인시키면 된다.

아이의 적절한 행동이란 앞으로도 패턴이 반복되었으면 하는 바람의 행동이다. 아이의 적절한 행동에 초점을 맞추면 격하게 반응하는 감정을 통제할 수 있다. "네가 화가 많이 났는데 소리를 지르지 않고 뒤로 드러눕지 않겠다는 약속을 지켜주었구나!"라고 토닥이며 안아 주고 사랑한다고 말해준 뒤에 칭찬해주어야 한다. 아이를 훈육하는 목표는 완벽하게 하겠다는 것이 아니라 성장을 위한 아이의 발전에 있는 것이다.

아이의 감정이 폭발한 경우 엄마는 아이에게서 멀리 떨어지지 않은 곳에서 기다려주어야 한다. 격한 감정에 있는 아이를 혼자 내버려 두면 위험하다. 아이가 격렬한 감정을 발산하고 나면 감정 폭발이 끝났다고 알려주고 대화를 나눈 후에 안아 주고 토닥여주어야 한다. 아이에게 폭발의 원인이 무엇인지, 다음 상황에서 어떤 말과 행동을 해야 하는지 검토해주어야 한다. 아이의 기질과 특성을 확인하면서 폭발하는 원인을 찾아보고 원인을 제거하는 방향으로 해야 한다. 예를 들면 이렇다.

"엄마가 여기 네 곁에서 도와줄게. 인제 그만하자. 그만하면 충분해. 함께 심호흡을 해보도록 하자."

"엄마 앞에서 울어도 좋아. 하지만 엄마를 때리거나 발로 차거나 물어서는 안 돼."

엄마는 자신의 감정을 다스려야 한다. 아이는 감정에 압도된 상태이고 의도적으로 엄마를 괴롭히는 게 아니라는 생각을 해야 한다. 아이 때문에 힘들었다면 산책이나 자기 챙김의 명상, 운동, 목욕 등으로 자신의 에너지를 충전해야 한다.

아이가 잘한 일보다는 잘못한 일을 지적하기 쉽다. 아이가 잘했을 때 훌륭한 행동을 엄마가 자랑스러워한다는 것을 알려주어야 한다. 당연한 일이라고 생각하면 안 된다. 미소를 보여주고 껴안아주고 말로 칭찬해주면 된다, 칭찬하는 방법에도 여러 가지가 있다. 아이가 듣는 데서 잘한 점을 칭찬해주거나 남들이 있는 곳에서 칭찬해주거나 남들에게 자랑할 수도 있다. 성공적인 행동을 아이가 반복할 수 있도록 엄마가 동기를 부여해주는 것이 중요하다. 아이가 느끼는 분노, 불안감, 격렬한 감정 등을 알아채고 도와주어야 한다.

엄마가 아이의 감정을 정확하게 파악하기란 쉬운 일이 아니다. 아이에게 말을 할 때 밀어붙이지 않고 격려하며 부드럽게 말하는 것이 중요하다. 기질을 염두에 두고 아이의 프레임에서 상황을 같이 파악해주고 노력한다면 아이는 엄마의 마음과 노력을 알게 될 것이다. 아이가 성장함에 따라 부모와의 관계 형성은 다면적으로 변한다. 새로운 성장 단계가 올 때마다 엄마와 아이는 시련을 거치게 된다. 아이의 행복을 위해서 부모도 행복해야 한다.

이 럴 땐 이 렇 게 , 육 아 필 살 기 !

한 가지 물건에 대한 집착이 너무 심해요!

기차, 인형, 이불 등 한 가지 물건에 집착하는 모습은 특정 몇몇 아이에게서만 보이는 현상이 아니다. 대부분의 아이들에게서 보이는 것으로, 아이가 엄마로부터 독립하는 한 과정이다. 아이가 한 가지 물건에 집착할 때는 우선 그 집착을 인정해주는 것이 중요하다.

아이가 집착하는 모습이 보기 싫다고 물건을 뺏거나 감추면 아이의 마음에 상처가 될 수도 있다. 아이는 자신이 집착하는 대상과 자기를 동일시하기도 하므로 오히려 아이가 집착하는 물건을 어떻게 대하는지 잘 관찰하면 아이의 마음을 들여다 볼 수 있다.

아이와 함께 그 물건을 가지고 놀아주어야 한다. 아이에게 집착 대상과 혼자 노는 것보다 부모와 같이 노는 게 더 재미있다는 것을 알려주어야 한다. 부모와 함께 놀이를 하다 보면 물건에 대한 집착이 조금씩 사라지게 된다.

그리고 아이와 자주 스킨십을 나누어야 한다. 부모의 사랑을 충분히 받은 아이들은 물건에 대한 집착이 심하지 않다. 아이가 사랑을 받고 있다는 확신이 들도록 자주 안아 주고 사랑한다고 이야기해주어야 한다. 그러면 아이는 물건에 집착하는 것보다 엄마와 교감하는 것이 더 좋다는 것을 알고 서서히 물건에 대한 관심을 줄이게 된다.

출처 : 『신의진의 아이 심리백과』 신의진, 갤리온 출판사

아이의 진심을 알아주면 행동이 달라진다

절대 후회하지 말 것이며 절대 다른 사람 탓을 하지 마라. 이것이 지혜의 첫 걸음이다.
- 드니 디드로 -

내 아이와 제대로 놀아주기

아이가 남 탓을 많이 하는 경우 엄마가 먼저 받아주어야 하는 상황과 아닌 상황을 명확히 구분하여 목표 행동과 문제 행동을 파악해야 아이가 남 탓하는 상황을 줄일 수 있다. 이러한 상황에서 아이의 감정을 보듬어주면서 살펴주어야 한다. 아이의 마음을 헤아리며 놀아주는 법은 놀이 시간을 정해서 놀아주는 것이다. 요일을 정해서 15분에서 20분 사이가 적당하다. 예를 들면 화, 목, 토 또는 월, 수, 금이나 토, 일로 정하면 안정감을 느끼게 된다. 부모가 놀아줄 수 있는 날짜와 시간을 놀아줄 수 있는 만큼 정하면 된다.

부모는 아이와 놀이를 할 때 적극적으로 참여하는 모습을 보여주어야 한다. 아이와 놀다가 노는 시간이 끝나기 2분이나 3분 전쯤에 알려주어야 한다. 그래도 아이가 떼를 쓰고 운다면 아쉬운 마음을 헤아려주어야 한다. 아이가 운다고 놀이 시간을 연장하면 안 된다. 부모가 끊고 맺음을 분명히 해주어야 신뢰감이 생기며 정해진 시간에 대한 규칙에 대해서 생떼를 쓰거나 울지 않게 된다.

나이 별로 놀 수 있는 놀이기구를 알아보면 영아기 때에는 시각, 소리, 촉감이 발달하는 시기이므로 모빌이나 만지고 치며 조작이 간단한 장난감, 블록 같은 소리 나고 누르면 튀어나오는 것이 적당하다. 걸음마를 시작할 무렵에는 블록 놀이나 공구 세트, 색연필과 종이, 공이나 자전거, 모래 놀이, 일상에서 쓰는 소품도 좋다. 부모가 신체를 이용해서 놀아주는 것도 좋다. 유아기에는 블록 놀이나 인형 놀이, 그림 그리기, 신문지 구겨서 공던지기 같은 놀이가 좋다.

아빠와 엄마는 일상생활에서 시간을 활용해서 아이와 소통하고 교감하는 것이 중요하다. 아이가 노래 부를 때 부모가 손뼉을 쳐주고 춤을 추거나, 책을 읽어주면서도 주인공 목소리 흉내를 내고 행동을 취하거나, 엄마가 설거지를 할 때도 아이와 같이하면서 그릇을 가지고 활용하면 된다. 아이와 놀이 식으로 교감하며 즐겁게 하는 활동은 아이에게 새로운 놀이가 되는 것이다.

부모와 아이 상호 간에 매우 중요한 부분은 아이와 제대로 이야기를 나누는 것이다. 적절한 시기에 자기를 표현하는 능력은 부모에게 영향을 받는다. 부모는 아이의 말을 잘 경청하고 아이가 말하는 부분을 정교하게 말할 수 있도록 해야 한다. 대화하기 전 아이가 흥미와 관심을 보이는 주제에 대해서 미리 생각해두어야 한다.

아이와 자주 대화하고 자기 생각을 정리할 수 있게 침묵하고 기다리기도 해야 한다. 아이가 해야 할 말을 주의 깊게 선택해주고 아이의 언어력을 확장하기 위해 부연 반응을 해준다. 부연이라는 말은 심리극에서 주인공의 갈등 상황과 감정을 극대화하는 것이라고 정의되어 있다, 아이가 한 말에 대해서 요약을 하거나 보태는 방식으로 아이의 말을 좋게 만들어 주는 방법이 있다.

아이가 성장할수록 움직임이 많아진다. 집안의 구석구석 돌아다니며 왕성한 호기심을 나타낸다. 싱크대를 뒤지거나 화장실 변기 속 물에 손을 넣어보거나 쓰레기통을 뒤지고 식탁의 그릇을 떨어뜨려 다치기도 한다. 눈에 보이는 대로 만져보고 관찰하고 입으로 가져간다.

모든 것이 신기하므로 직접 만지고 체험하려는 욕구가 왕성하다. 억지로 아이의 욕구를 제한하면 안 된다. 정상적인 인지 발달 과정이기 때문에 위험한 물건을 치워두고 안전한 장난감이나 놀이기구를 제공하면 된다. 아이는 모방을 통해 학습한다. 부모로부터 시작해서 친구들을 따라하기 시작한다. 엄마가 어렸을 때 해주었던 것처럼 인형을 업고 다니거나 재우는 흉내도 낸다. 소꿉놀이나 병원놀이도 좋아한다. 사회성도 어른들을 통해 먼저 형성된다.

활력이 많은 아이가 한 가지 문제에 매달려서 고집을 피우고 화를 낼 때면 부모는 무시하거나 아이의 시선을 다른 쪽으로 주의를 돌리게 하라고 한다. 아이의 마음을 엄마가 이해하려 노력한다는 것을 아이가 알도록 해야 한다. 엄마가 이해하기 위해서 듣기는 대단히 중요하다고 한다.

아이의 진심 알아주기

스콧 브라운의 『세상에서 가장 힘든 협상(아이와 부모가 함께 행복해지는 비결 7가지)』에서 "아이가 무엇을 생각하는지 이해한다면 아이의 마음을 바꾸고 논쟁을 피할 기회가 생긴다."라고 했다. 이해하기 위한 듣기는 지금까지 하던 일을 중단하고 아이가 말하는 이야기에 생각을 집중한다는 뜻이다. 아이의 말에 꼬투리를 잡으면 안 된다. 아이의 진심을 알아주기 위하여 아이와 눈높이를 맞추면서 말에 귀 기울이는 것이 중요하다.

"해도 돼."라는 부모의 말은 아이에게 강한 의지를 키워주게 된다. "해도 돼."라는 말은 아이가 문제 해결 능력을 키우는 데 중요하고, 단호한 어조로 "하면 안 돼."라는 말은 인생의 기본 규칙이나 가치와 관련된 문제에서 아이만큼 의지가 굳고 고집이 센 부모가 훈육하는 방식으로 필요하다. "~은 안 돼.", "규칙이야.", "~은 허락해줄 수 없어."라고 말해야 한다.

규칙은 부모가 기대하는 행동을 말해주는 것이다. 아이를 훈육하려면 기본 규칙을 명확히 정해두어야 한다. 규칙이 명확하고 규칙의 이유가 분명하면 부모의 역할이 한결 쉽다. 아이는 해도 되는 것과 하면 안 되는 것을 분명히 알아야 한다. 진정한 훈육은 부모가 아이를 올바르게 지도하고 가르치는 방법이다. 훈육은 하루아침에 이루어지지 않는다. 부모의 바람직한 훈육 방법은 일관되고 차분하게 아이의 행동에 제한을 두는 것이다. 행동에 제한을 두는 보상으로 자신의 만족 시기를 늦출 줄 알게 되며, 자제력이 생기고, 배려심을 배우게 되며, 회복 탄력성이 생긴다.

부모는 아이에게 모범적인 행동을 보여 적절한 행동을 가르쳐주어야 한다. 아이는 부모의 거울이다. 엄마가 자신과 다른 사람 대하는 것을 보고 타인에 대한 자제력과 존중을 익히게 된다. 아이가 인간관계 사이에서 자립을 향해 나아갈 수 있도록 아이의 진심을 알아주게 되면 아이의 자율성이 생기고 소속감이 생기게 된다. 아이의 최초의 인간관계는 자신이고 부모이다.

부모는 아이를 가까이 두려고 간섭하거나 과보호하는 것을 지양해야 한다. 그렇다고 해서 아이와 거리를 멀리 두거나, 관심을 적게 두고, 아이에게 일이 발생했을 때 신속하게 반응하지 않게 된다면 아이는 안정감과 친밀감을 느끼기 위해 엄마와 떨어지지 않게 된다. 아이는 커갈수록 다른 사람의 감정을 잘 고려할 수 있게 된다. 옳고 그름을 잘 가리게 되며 부모가 지시하는 사항을 잘 기억하고 자기 행동의 결과에 대해 예측도 하게 된다. 정서와 사고 능력도 발달하면서 문제 해결 능력이 더욱 좋아진다.

아이가 성장해갈수록 객관적 세계에 대해 알아가며 원인과 결과를 인식하게 된다. 때로는 아이가 지식을 인식하는 데 있어서 굴절된 채로 인식하기도 한다. 정확한 정보를 접하게 되면 아이는 혼란스러워할 수도 있다. 이럴 때 부모는 아이의 진심을 알아주고 굴절된 지식과 인식을 바로잡아서 잘 설명해주어야 한다.

아이의 성장 과정은 새롭게 배워 나가는 '자신'에 대한 인식에서 비롯되며 인간관계의 밑바탕이 된다. 아이는 자기중심적으로 움직이다가 성장할수록 자기중심적인 세계관에서 벗어나 자신이 세상의 원인도 아니고 중심도 아니라는 것을 조금씩 인지하게 된다. 타인에게도 감성과 감정이 있으며 이해와 협력을 해야 한다는 것을 배워 나간다.

아이는 선과 악의 기준을 알게 되고 기초적인 가치관도 배워 나가게 된다. 규칙을 배워 나가면서 기준을 알게 되었을 때, 아이의 진심을 알아주면 아이는 새로운 방식으로 조금씩 달라진 모습으로 부모를 대하게 된다. 배려와 나눔을 조금씩 실천해가면서 아이 자신이 원하는 모습보다는 부모가 원하는 방향으로 행동이 달라지는 것이다.

AMOR
AMOR

- 4 장 -

감정이 앞서는 엄마를 위한 8가지 육아 처방전

아이의 강점 10가지를 써보라

성공하는 사람은 자신의 실수에서 배울 점을 취한 뒤 그것을 다른 방식으로 다시 시도해본다.
- 데일 카네기 -

아이의 자립심 키워주기

첫째, 시련에 맞설 수 있는 당당한 아이

둘째, 자존감이 잘 세워진 아이

셋째, 문제 해결 능력이 있는 아이

넷째, 회복 탄력성이 좋은 아이

다섯째, 의사결정 능력이 있는 아이

여섯째, 인내심이 좋은 아이

일곱 번째, 긍정적인 아이

여덟 번째, 창의력이 넘치는 아이

아홉 번째, 지혜로운 아이

열 번째, 배려할 줄 아는 아이

'네 할 일만 잘하면 된다. 다른 건 엄마가 알아서 해줄게.'라고 하는 것을 당연시하는 분위기가 있다. 이렇게 엄마가 늘 아이의 모든 것을 관리하면 아이는 실패나 어려움을 겪지 않고 성장하게 될 수도 있다. 작은 역경이나 시련을 만나도 극복하지 못하게 될 수도 있다.

내 아이가 스스로 자기 인생을 살아갈 수 있도록 자립심을 길러주어야 한다.

유대인 부모들은 어려서부터 아이에게 의사결정권을 준다고 한다. 하루의 일과를 계획하는 것부터 시작해서, 공부, 집안일, 학교생활, 사회봉사 등 내 아이가 하는 일에 대해서 일절 간섭하지 않는다고 한다. 아이가 조언을 구할 때 지침 정도만 제시해준다고 한다. 의견에 관한 결정도 아이 스스로 하게끔 만드는 유대인 부모의 모습도 어느 정도 대한민국 부모라면 지향해야 할 부분이다.

아이의 주변을 맴도는 헬리콥터 부모, 아이의 일상을 하나하나 간섭하며 경제적인 지원을 해주는 캥거루 부모로 지내면 안 된다. 가족이 모여 식사하는 자리에서도 산책을 할 때도 아이와 이야기를 나누어야 한다. 평상시의 소소한 얘기나 사소해 보이는 일상적인 것에서부터 다양하고 특별한 주제에 이르기까지 자유롭게 토론하는 분위기에서 자라게 되면 아이는 사고의 폭과 세계를 보는 안목이 넓어지고 깊어지게 된다.

부모는 아이가 조그만 어려움에 빠졌을 경우 쉽게 놀라며 그 상황에서 아이를 건져내 주려고 한다. 아이를 사랑하는 안타까운 마음은 이해할 수 있지만, 그런 식의 부모가 하는 개입은 아이 인생에 도움이 되지 않는다. 아이는 누구나 어떤 문제에 부딪히게 되면 처음에 힘들어하게 될 수 있다. 그렇다고 해도 아이가 그것을 극복하는 훈련과 스스로 해결하는 능력을 가질 수 있게 부모가 도와주어야 아이는 독립적인 인격체로 성장할 수 있게 된다.

내 아이가 당당하고 꿋꿋하게 설 수 있게 하려면 엄마는 답답하고 힘이 들어도 아이가 극복하고 스스로 해결해가는 과정을 묵묵히 지켜봐 주어야 한다. 아이의 자존감을 세워주고 꿈을 찾도록 도와주는 것은 부모의 과제다.

자존감이란, 자기 자신의 가치를 정확히 알고 소중히 여기는 긍정적인 태도와 자기 자신과 타인에 대한 믿음을 말한다. 아이가 자존감이 높다는 것은 시련을 만나더라도 흔들리지 않고 이겨낼 수 있도록 버텨주는 강인함이 마음 한가운데 중심을 잡고 서 있다는 것을 의미한다. 부모는 아이에게 흔들리지 않는 자존감을 소중한 선물로 심어줘야 한다.

아이의 기질과 성향에 따라 아이가 어떠한 결정을 내려도 아이의 결정을 믿고 격려해주어야 한다. 부모가 아이의 자존감을 세워주기 위해서 노력해야 하는 것은 아이를 부모 자신의 소유물이 아닌 하나의 인격체로 보는 것이다.

부모의 격려와 칭찬으로 자라는 아이

내 아이가 얼마나 소중한 존재인지에만 관심을 두고 양육해야 한다. 그리고 부모는 '너는 좋은 아이란다. 네 있는 모습 그대로를 사랑한다.'처럼 격려와 칭찬의 말로 아이가 스스로 자신을 소중히 여기는 마음을 갖도록 도와주어야 한다. 또한, 아이에게 이것 해라, 저것 해라, 너는 무엇을 해야 한다, 무엇이 되어야지만 한다 등의 말로 강요하지 말아야 한다. 아이 스스로 자신의 능력과 적성을 찾기 위해 도와주어야 한다.

부모가 일찍부터 아이의 재능과는 상관없이 일방적으로 목표 지점을 정해두고 말을 따르라고 하는 건 아닌지 뒤돌아봐야 한다. 아이 중에는 자신의 의지와는 상관없이 엄마가 정해준 대로 잘 따라오는 아이도 있을 수 있지만, 마지못해 수동적으로 엄마의 요구에 따르는 예도 있다. 자존감은 자신을 존중하는 마음이 있어야 높아지게 된다. 자존감이 높은 아이의 경우는 스스로 소중하다고 여길 줄 알게 된다.

아이의 행복한 미래를 위해 아이의 자존감은 부모가 적극적으로 키워주어야 한다. 아이의 마음에 공감해주고 격려해주어야 한다. 엄마의 격려의 말 한마디가 아이의 무너진 자존감을 다시 세울 수 있게 된다.

부모는 아이의 호기심에 날개를 달아주려고 도와주어야 한다. 집에서 쓰고 버린 물건이 아이의 호기심을 자극하게 된다. 집에서 쓰는 물건을 아이가 마음대로 가지고 놀도록 내버려 두는 부모는 거의 없다. 위험을 방지해주면서 집에서는 가지고 놀 수 없었던 물건들을 부모의 제재 없이 자유롭게 가지고 놀게 되면 생활에 어떤 물건들이 쓰이고 있고, 물건을 어떻게 작동시켜 실생활에 사용하고 있는지 생각해볼 수 있는 시간을 갖게 하면 좋다. 이러한 과정을 통해 아이는 사물에 대해 호기심을 갖고 왜 그렇게 되었는지 이유를 생각하게 되고, 앞으로 어떻게 하면 되는지 심각하게 생각해보게 된다.

아이는 망가지거나 버려진 물건들 속에서 상자는 새로운 놀이기구가 되고 구멍이 뚫린 그릇에 물을 담으며 새고, 찢어진 장남감 타이어 바퀴는 굴러가지 않는다는 사실을 알게 되면서 아이는 고물을 통해서 자연스럽게 배우게 된다. 아이들의 상상속에서 상상의 나래를 펼치며 아이는 질문을 하고 놀이를 통해서 배우게 되는 것이다.

깨진 접시가 있다면 날카로운 부분 때문에 다칠 수도 있음을 인지하고 냄비의 눌었거나 탄 흔적, 색이 벗겨져 닳은 물건이 있으면 호기심을 갖게 되는 것이다, 이러한 물건들과의 놀이를 통해서 아이는 자연스럽게 연구하는 자세와 실험정신을 갖게 된다.

아이의 창의성을 키우는 데 많은 전문가들이 공통으로 말하는 게임의 교육적 효과에 대해서 밝힌 예가 있다.

첫째, 인지 발달을 돕는다. 게임을 하는 동안 아이는 자신에게 유리한 전략을 세우며 창의성과 논리적 문제 해결 능력이 발달한다고 한다.

둘째, 언어 발달을 돕는다. 게임을 하기 위해서는 각자의 의견을 서로 절충해야 하고, 의견을 제시하며 상대방의 의견에 귀를 기울여야 한다. 이런 과정들을 통해서 의사소통 능력이 발달한다. 게임을 할 때 아이들은 말소리 듣기, 바른 태도로 듣기, 묻는 말에 대답하기, 경험 · 생각 · 느낌 말하기 등 상황에 따라 말하기 등을 배우게 된다.

셋째, 게임은 사회성 발달을 돕는다. 아이는 자율적으로 규칙을 지킴으로써 공동생활에서 요구되는 올바른 질서의식을 배우게 된다.

넷째, 정서 발달을 돕는다. 게임 상황을 통해 정서적 억압과 불안을 정화하고 만족감과 안정감을 느낀다고 한다. 게임을 하면서 친구와 경쟁하는 동안 다른 사람의 감정을 이해하고 공감하게 된다. 피아제는 아이가 규칙이 있는 게임을 하면서 도덕적, 사회적, 인지적, 정서적으로 발달한다고 주장했다.

아이의 강점을 잘 보살펴주는 엄마의 육아 처방은 아이가 한층 더 성장하게 되는 좋은 방향성을 가지게 된다.

안 되는 건 안 된다는 것을 가르쳐라

왕이건 농부이건, 가정에서 평화를 느낄 수 있는 사람이야말로 세상에서 가장 행복한 사람이다.
- 괴테 -

양육의 일관성에 대하여

아이들은 각자 다른 발달 속도를 가지고 있다. 아이의 행동에 대해서 부모는 "아니, 저런 말도 안 되는 행동을 하다니….", "이런 나쁜 짓을 할 수가…."라면서 충격을 받기도 한다. 아직 일어나지 않은 일에 대하며 걱정하고 고민하며 마음을 졸인다.

부모는 아이를 양육할 때 일관성이 있어야 한다. 아빠와 엄마의 성격에 따라서 훈육 방식이나 애정을 아이에게 표현하는 방식에 차이가 있을 수 있다. 그렇지만 '안 되는 것과 되는 것'에 대해서는 부부간의 일치된

합의와 견해가 필요하다. 부모는 아이의 독립성을 발달시키기 위해서 발달수준에 맞는 다양한 자극을 주어야 한다. 아이가 문제 행동을 일으킬 때를 대비하여 대처법을 모색해야 한다. 좋지 않은 육아법은 부모의 우유부단함과 방임이다.

매사에 아이가 의욕이 없고 우울 증세를 보이는 경우 적극적인 부모의 모습을 보여야 한다. 아이와 산책이나 운동처럼 신체 활동을 적극적으로 할 수 있는 시간을 가져야 한다. 또한, 아이와의 놀이 시간을 정기적으로 가져야 한다. 아이에 대한 긍정적인 관심과 애정 표현을 해주어야 한다. 주변 친구들이나 친척, 이웃 사람들과의 접촉을 늘려야 한다. 아이에게 관심을 주는 또래와 어른이 많아지도록 해야 한다.

부모는 아이가 자신의 감정과 생각을 나눌 수 있도록 아이의 마음을 읽어주어야 한다. 예를 들면 아이가 징징대고 있을 때, 화를 내고 불편하다고 호소할 때 엄마는 당황하지 말고 아이의 마음을 읽어주어 감정과 생각을 잘 나눌 수 있도록 해야 한다. 징징거릴 때 "징징대면서 말하지 말고 똑바로 말해라!"라고 얘기하지 말고 아이가 어떤 상황인지 무엇 때문에 빈정거리는지 살펴야 한다. 아이의 징징거림이 잦아들면 "매우 속상했구나! 화난 거를 솔직하게 얘기해보자." 편하게 유도해서 풀어주어야 한다.

아이가 징징거릴 때 안 들어주거나 들어주고가 아니라, 엄마는 아이를 위해서 들어줘야 하는 것과 하지 말아야 할 것을 분명하게 구분 지어 주어야 한다. 들어줄 수 있는 상황에서 아이의 애를 태우거나 힘겨루기를 하지 말고 흔쾌하게 들어주는 게 좋다. 굳이 안 되는 상황도 아닌데 엄마도 아이와 맞서 싸우거나 신경전을 할 필요가 없다.

친절하고 부드러운 언어로 대해야 한다. 아이가 칭얼대고 징징거리면 엄마는 화가 나거나 신경이 곤두선다. 엄마가 감정이 좋지 않을 때는 아이에게 말을 하지 않는 것이 좋다. 화가 치밀어 오를 때에는 아이와 떨어져 있거나 심호흡을 하여 감정을 가라앉혀야 한다. 감정이 가라앉으면 다시 아이와 대화하는 것이 좋다.

되는 것은 들어주고 안 되는 것은 아이가 울고 떼쓰고 징징거리더라도 들어주면 안 된다. 되는 것과 안 되는 것의 구분 경계를 명확히 해야 한다. 아이의 적절한 행동에 대해서는 칭찬을 많이 해주고, 부적절한 행동을 하면 무조건 야단을 치지 말고 아이의 행동을 무시하도록 한다.

떼를 쓰고 심하게 말을 듣지 않아 제한해야 할 때는 타임아웃 방법을 사용해야 한다. 타임아웃으로 적당한 장소는 혼자 독립적으로 있을 수 있는 공간이 좋다. 예를 들면 생각하는 방이나 거실 한쪽 구석이다. 독립된 공간이라고 해서 어둡거나 음침하면 안 좋다. 아이에게 공포심을 유발할 수 있으므로 피해야 한다. 타임아웃의 시간은 '나이×1~2분'이 적당하다.

5세 미만의 아이들은 타임아웃 시간이 10분이 넘지 않도록 해야 한다. 아이가 타임아웃 시간을 보내고 반성하는 모습을 보이면 안아 주고 잘못된 점을 이해시켜 준다.

아이의 나이가 어리거나 충동성이 많은 아이에게는 타임아웃을 적용하기 어려울 수도 있다. 이럴 때 즉각적으로 하는 훈육법을 실시해야 한다. 아이가 떼를 쓰면서 화가 난 상태로 극도로 흥분하고 불안한 행동으로 엄마에게 발버둥을 칠 때 아이가 다시는 위협적인 행동을 하지 못하도록 몸을 감싸 안아주면 좋다. 엄마가 아이를 안고 있다면 타임아웃 때와 같이 쓸데없는 말은 하지 않는 것이 좋다.

아이의 선택 존중해주기

아이가 어릴수록 주의가 쉽게 분산되는 특징을 지닌다고 한다. 아이가 떼를 쓰거나 징징거릴 때 흥미를 느끼고 좋아할 만한 관심사로 전환해주면 징징거리거나 떼를 쓰던 일은 금방 잊어버린다. 아이에게 단호하게 지시할 때에는 분명하게 말하며 눈을 마주 봐야 한다. 부탁하는 어투의 말보다는 단호하게 말해야 한다.

엄마의 지시를 따라야 할 때 처음에 해야 하는 행동에 관해 설명해주고, 엄마의 지시를 따르지 않을 상황에서 발생할 일에 대해 경고를 하고, 그래도 듣지 않는다면 실행에 옮겨야 한다. 예를 들면 "엄마가 다섯 셀 때까지 말을 듣지 않으면 너는 생각하는 방에서 벌을 받게 될 거야."라고 말한 후에 아이가 다섯을 센 후에도 말을 듣지 않는다면 경고한 대로 생각하는 방으로 보내 타임아웃 훈육법을 적용해야 한다.

아이가 공공장소에만 가면 더 떼를 부리는 경우가 있다. 집이 아닌 사람이 많이 모인 시장이나 슈퍼, 백화점 등에서 더 고집을 부리는 것이다, 좁은 공간에서 위축되는 마음이 있는 것에 비해 넓은 공간, 사람이 많은 장소에 가면 위험을 덜 느끼는 인간의 속성 때문이라고 한다. 백화점이나 대형할인점에서 아이가 무작정 떼를 쓰거나 운다면 가까운 복도나 계단, 화장실 독립된 공간으로 데리고 가서 아이와 눈을 마주친 상태에서 단호하고 차분한 목소리로 설명해주어야 한다.

예를 들면 "오늘 성우는 그 장난감이 무척 마음에 들었구나, 그렇지만 오늘은 장난감을 사러 온 게 아니야, 비슷한 장난감을 얼마 전에 사주어서 엄마는 사줄 수 없단다."라고 안 되는 것을 분명히 말해주어야 아이는 이해를 한다. "너의 마음이 많이 상한 건 엄마가 알아. 우리 성우 마음이 가라앉으면 엄마와 함께 나가자."라고 말한 뒤에 아이가 마음이 진정될 때까지 기다려주어야 한다. 엄마가 화난 목소리로 잘못을 다그치고 나열하게 되면 아이는 마음을 진정시키기 어렵다. 아이가 진정되기 시작하면 감정을 추스르려고 노력하는 아이의 모습을 격려하고 다독여주어야 한다.

활발한 아이는 "안 돼."라는 말을 좋아하지 않는다. 엄마는 "안 돼."라고 말하면서 아이에게 상처를 주는 것은 아닌지, 엄마의 권위를 과하게 내세우는 것이 아닌지 걱정이 된다. 아이에게 '공격'을 받는다고 느끼거나, 아이의 행동을 제지할 수 없으면 '안 돼.'라고 말해야 한다. 규칙을 다시 정하고 명료한지 확인한 후에 아이가 어떻게 반항하든 규칙을 내세워 안 되는 건 안 된다고 말해야 한다. 엄마의 목표는 균형 잡힌 통제이다. 아이가 충분히 존중받는다는 느낌이 들어야 한다.

엄마는 안 된다고 알려줄 때 규칙을 명확하게 하고 일관성을 유지해야 한다. 아이를 훈육하다가 막다른 골목에 몰렸을 때 어떻게 더 나은 해결책을 찾을 수 있는지 알려주어야 한다.

좋은 부모는 '하면 안 돼.'라고도 말한다. 부모는 과도한 통제와 방임 사이에서 균형점을 찾아야 한다. 아이의 적절치 못한 행동에 대한 대가를 정해두어 아이가 반드시 대가를 치르도록 해야 한다. 대신 다음에는 아이가 성공적으로 규칙을 지킬 수 있도록 유도해야 한다.

아이에게 무조건 대가를 요구하는 것도 좋은 방법은 아니다. 좋은 행동을 끌어내기 위해 처벌이라는 것은 최악의 수단이다. 효과적인 방법은 올바른 행동을 가르치고, 아이가 제대로 했을 때 격려해주며, 안 되는 건 안 된다는 것을 훈육해야 한다.

규칙을 정하거나 대가를 정할 때도 아이와 함께 의논해서 정하면 좋다. 예를 들면 친구와 놀다가 싸울 때 상대를 때렸을 때는 어떤 대가를 치르는 것이 적절한가? 아빠와 엄마가 그만두라고 했는데도 그만두지 않는다면 어떤 대가를 치러야 할까? 가족이 합의할 수 있는 대가를 정해야 한다. 아이가 잘못을 저지르기 전에 아이는 대가에 대하여 미리 알고 있는 것이 중요하다. 아이의 선택을 존중해주어야 한다.

이 럴 땐 이 렇 게 , 육 아 필 살 기 !

반복되는 실랑이 속에서 아이를 어떻게 키워야 할지 자신이 없어요!

양육의 기초는 아이의 기질을 이해하는 것이고 살피는 것이다. 아이의 기질을 이해하지 못하면 부모와 아이 사이에 갈등이 발생할 수 있다. 어릴 때일수록 부모의 양육 태도가 매우 중요하다. 애착을 기본으로 하는 적절한 훈육을 해야 한다. 어린아이라고 하더라도 무조건 오냐오냐해서는 안 된다는 말이다. 되는 일과 안 되는 일을 구분하는 훈련을 해야 한다.

첫 번째, 부모가 하고 싶은 것을 버린다
두 번째, 아이가 하고 싶은 것을 찾는다
세 번째, 아이가 필요로 할 때 언제든지 옆에 있다는 확신을 준다

아이를 완벽하게 키우고 싶지만 세상에 '완벽한 엄마, 완벽한 아빠'는 없다. 때문에 지나치게 욕심을 부리지 말고 '충분히 좋은 부모'가 되도록 노력해야 한다. 그러기 위해서는 아이의 옆에서 안정감을 주며 올바른 양육 태도를 갖는 자세가 필요하다.

출처 : 『EBS 부모 사랑의 처방전』, EBS〈부모〉제작팀, 경향비피

모든 것을 한꺼번에 가르치려 하지 마라

내일 죽을 것처럼 살아가고, 영원히 살아갈 것처럼 배워나가라.
- 마하트마 간디 -

배를 만들게 하려면 먼저 바다를 보여주어라

아이가 무엇에 흥미와 관심이 있는지, 어떤 분야에 특별한 재능이 있는지 엄마는 주의 깊게 살피면서 아이를 이끌어야 한다. 아이에게 많은 것을 경험하게 하고, 경험을 통해 아이가 창의적으로 사고할 수 있도록 배려하고 적극적으로 지지해주어야 한다. 아이에게 무조건 공부를 잘하라고 강요하면 안 된다. 아이의 관심사, 창의성, 잠재력 등을 키워주는 데 집중해야 한다.

엄마의 바람직한 양육 자세는 가능한 아이에게 일방적으로 가르치려고 하지 말고 아이에게 학습에 대한 부담감을 느끼지 않도록 스스로 무엇인가를 생각하고 연구하는 일에 흥미를 갖도록 해야 한다. 아이에게 의문점이 있으면 의문에 대한 답을 찾아가도록 하는 방법을 반복하게 한다. 이렇게 자란 아이는 어떤 상황에 부닥쳐도 여러 가지 방법으로 문제를 해결해 나갈 수 있게 된다. 엄마는 지식만을 가르치려고 하기보다는 지식을 얻는 방법을 가르치기 위해 노력해야 한다.

유대인 속담에 "물고기 한 마리를 주면 하루를 살지만, 물고기 잡는 방법을 가르쳐주면 일생을 살 수 있다."라고 전해진다. 아이에게 단순히 학문만을 가르치는 것이 아니라, 학문을 배우고 익혀서 자기만의 방법으로 가르쳐 주는 것이 부모의 역할이다.

엄마들은 내 아이만큼은 나보다 더 나은 삶을 살기를 바란다. 많은 어려움을 마다하지 않고 극복하면서 아이 교육에 집중하게 된다. 아이가 자신의 목표를 세우고 현실을 직시하면서 실현이 가능한 꿈을 목표로 하게 도와주어야 한다. 허황한 꿈이 아닌 현실적인 꿈을 갖도록 해주어야 한다.

생텍쥐페리는 "배를 만들게 하려면 먼저 바다를 보여주어라."라고 말했다. 아이에게 부모는 자신이 사는 세상을 있는 그대로 보여주며 가르쳐주어야 한다. 어떤 과정을 거쳤으며 알려주는 것을 가치 있는 일로 여기며 가르친다면 아이는 자신의 바다를 향해 소중한 꿈을 펼쳐나가게 될 것이다.

아이와 사이가 좋지 않게 되는 경우는 엄마가 인내심이 부족해 아이를 기다려주지 못하게 되는 경우, 아이를 엄마 마음대로 하려는 경우, 아이의 의견을 존중하지 않은 부모, 아이와 대화가 부족한 부모들이다. 부모가 인내하고 기다려주게 된다면 아이와의 관계가 좋아지게 된다. 아이의 의견을 충분히 들어주고 엄마 마음대로 하고 싶은 욕심을 자제하고, 아이와 이야기를 많이 나누며 인내할 수 있는 모습을 보여주려고 노력해야 한다.

잠자리에서 아이에게 읽어주는 '베드 사이드 스토리'라는 것이 있다. '베드 사이드 스토리'는 아이의 언어 발달에 많은 도움을 준다. 아기 때에 한창 말을 배워 무엇인가를 표현하려고 애쓰는 어린아이에게는 책 속에 나오는 수많은 단어와의 만남인 풍부한 어휘를 만나고 접하는 좋은 기회가 된다고 한다. 아이는 모르는 단어나 새로운 단어가 있으면 문장 앞뒤의 문맥을 통해 자기 나름대로 그 의미를 파악하거나 부모에게 단어의 뜻을 물어보게 된다. 아이가 그런 언어 습득 과정을 거치게 되다 보면 아이가 네 살 정도 되었을 때 평균적으로 1,500개의 어휘를 소화하게 된다고 한다.

아빠나 엄마가 읽어주는 책의 이야기를 듣는 것은 단어의 뜻을 적절하게 사용하고, 정확하게 사용하는 데 도움이 된다. 책을 통해서 단어의 정확한 의미 파악과 문어체와 구어체의 차이점도 알려줄 수 있다, 책을 통해 이야기의 줄거리 또한, 여러 가지 새로운 개념을 통해 배우게 된다. 다양한 책을 접하면서 아이는 자연스럽게 상상의 나래를 펼치며 폭을 넓혀 가게 되고 모국어의 언어를 통해 무엇인가를 표현하는 일에 익숙해진다.

아빠와 엄마가 들려주는 책 속의 이야기를 들으면서 아이는 웃거나 즐거워하기도 하며, 슬퍼하기도 하고 감동하기도 한다. 이러한 과정을 통해서 아이의 사고력과 정서는 풍부해지게 된다. '베드 사이드 스토리'는 어린 아이에게 정해진 시간의 규칙성과 동시에 잠자리에 들게 하는 좋은 습관을 갖게 해준다. 성장하는 아이에게 엄마, 아빠와의 사랑과 신뢰를 쌓아가게 되어 정서적인 안정감을 느끼게 해주는 좋은 방법이 된다.

배움은 끝이 없다. 우리의 삶이 끝나는 순간까지 배움이 계속되는 것으로 생각한다. 책의 중요성은 아무리 강조해도 지나침이 없다고 여긴다. 나이가 들어서도 새로운 상황과 시대에 맞추어 새롭게 재해석하고 적용하게 된다. 책은 열린 사고와 지식과 지혜를 채워주는 마르지 않는 오아시스와 같다. 아이들의 머리와 마음을 열어주어 새로운 세상과 세계에 도전하고 개척해 나아갈 수 있는 에너지를 공급해준다.

책은 지식을 쌓으려는 목적도 있지만, 더 궁극적인 목표는 지혜를 얻기 위해 읽는 것이다. 전 세계적으로 여러 분야에서 앞서가는 위인들을 보면 이러한 독서의 힘이 밑바탕에 깔려 있기 때문이라고 여겨진다.

아이의 특성을 길러주고 자신감 심어주기

아이에게 긍정적인 심리를 심어주는 방법의 하나인 유머는 두뇌를 자극하는 윤활유 역할을 한다고 한다. 유머를 통해 고정관념을 탈피할 수 있고 기존의 관습에서 벗어날 수 있다. 유머의 특징은 창의력의 핵심이기도 하다. 유머와 창의력은 서로 연관되어 있다. 또한, 유머는 아이의 마음에 유연성과 여유를 길러주게 된다. 배움의 자세를 가질 때 고정관념에 사로잡혀 있는 것이 아니라 각자 아이만의 독특한 시각으로 사물을 새롭게 해석할 수 있게 된다.

긍정적인 생각과 유머를 보여주는 영화가 있다.

로베르토 베니니 감독의 영화 〈인생은 아름다워〉에는 인생의 비극 속에서도 굴하지 않고 유머러스하고 긍정적으로 위기를 돌파해나가는 아버지의 모습이 눈물겹게 그려진다.

영화 〈인생은 아름다워〉는 2차 세계대전, 참혹한 수용소 안에서도 사랑하는 가족을 끝까지 지켜낸 아버지 '귀도'의 마법처럼 아름답고도 놀라운 이야기를 다룬 작품이다.

주인공 귀도는 아들을 사랑하는 유대인 아버지다. 그는 제2차 세계대

전 당시 나치에게 잡혀 아들과 함께 아우슈비츠 수용소에서 비참한 생활을 하게 된다. 나치의 유대인 수용소에 함께 끌려간 아들 조슈아가 비참한 현실을 알지 못하도록 수용소에 갇힌 것이 게임이라고 속이며 보호하는 내용이다. 나치의 유대인 학살이라는 비극적인 소재를 다루면서도 시종일관 밝고 유머러스한 주인공 '귀도'의 모습을 통해 전쟁의 아픔을 우회적으로 비판하는 한편, 진정한 가족애와 부성애가 무엇인지 되새기게 만드는 영화이다.

아이는 엄마의 말보다 행동에서 더 많이 배운다. 아이의 거짓말에 대처하는 좋은 방법은 아이의 왕성한 상상력과 더 넓은 의미의 진실로 받아들이는 것이다. 아이는 생생하지만 왜곡된 이야기를 통해 더 많은 관심이 필요하다고 생각한다. 진실을 말하는 것의 중요성을 이해하고 진실과 진실이 아닌 것을 구별하는 방법을 가르쳐주어야 한다. 거짓말을 하는 것에 대해서 혼을 내야겠다는 것만 생각하지 않는 부모의 자세도 필요하다. 아이와 대화할 기회로 삼아서 진실과 정직에 대해서 가르쳐주어야 한다.

아이가 낯선 환경에 처하면 적응 시간과 준비 운동이 필요하다. 낯선 사람을 만나게 됐을 때 아이에게 수줍음과 두려움이 있다면 엄마가 답답하고 불편하더라도 인내심을 가지는 게 좋다. 사람들이 모이는 곳에 가기 전 거기에 가면 누가 있는지 미리 아이에게 말해두어 사람들과 만남을 준비할 시간을 주면 좋다. 새로운 상황이나 사회성이 요구되는 상황이라면 아이와 잠시 함께 있어 주어야 한다.

아이의 마음이 준비될 때까지 다른 사람들과 말하거나 함께 놀라고 강요하면 안 된다. 아이가 수줍음을 많이 타는 성향이라면 격려를 하되 강요하지 않는 것이 아이의 수줍음을 극복하는 비결이다. 아이의 특성을 존중하고 아이의 자신감을 길러줌으로써 문제를 피할 수 있다. 아이에게 모든 것을 한꺼번에 가르치려고 하면 안 된다.

먼저 엄마의 자존감을 높여라

활력과 인내심이 있다면 무슨 일이든 해낼 수 있다.
- 벤저민 프랭클린 -

오늘부터 나에게 친절하기로 했다

엄마가 아이 때문에 화가 난다는 것은 감정에 대한 반응을 하고 있는 것이다. 격렬하게 감정이 일어날 때 엄마가 감정을 다스리지 못하게 되면 아이가 좋지 않은 영향을 받게 된다. 엄마는 자신의 감정을 다스리고 합리적인 해결 방법을 찾아야 한다. 화가 나는 상황이라면 그 자리에 있지 말고 일단 감정을 멈추고 자리를 벗어나야 한다.

분노의 감정이 밀려오면 아이에게 손을 댈 수도 있게 된다. 엄마의 분노와 아이의 분노가 맞물려 엄마의 자신에 대한 합리화와 연결되면서 후

유증이 커지게 된다. 엄마는 반드시 지켜야 할 원칙으로 절대로 아이에게 손을 대지 않겠다는 방침을 정해야 한다. 아이에게는 엄마의 상황을 설명해주어야 한다. 화가 나고 혼란스러우니 엄마도 정리할 시간이 필요하다고 이야기하면서 나중에 다시 얘기하자고 달랜 후에 자리를 피해야 한다.

명상하는 이들 사이에 자주 얘기되는 '인디언 우화'가 있다. 체로키 인디언 할아버지가 손자와 나누는 대화다. 주제는 인간의 내면에서 벌어지는 선과 악의 다툼. 할아버지-손자의 대화치고는 제법 심오하다. 할아버지가 손자에게 이렇게 말했다.

"얘야, 다툼은 우리 모두의 내면에 있는 두 마리 '늑대' 사이에서 벌어진단다. 한 마리는 악한 늑대지, 악한 늑대는 분노, 시기, 질투, 슬픔, 유감, 탐욕, 오만, 죄의식, 열등감, 거짓, 거만함, 우월감, 그릇된 자존심이란다."

할아버지는 다른 한 마리의 늑대에 대해서도 함께 알려준다.

"다른 한 마리는 착한 늑대다. 착한 늑대는 환희, 평화, 사랑, 희망, 평온, 겸손, 친절, 자비심, 공감, 관대함, 진실, 연민, 믿음이란다."

할아버지의 이야기를 들은 손자의 질문이 당돌하다.

"어느 늑대가 이기나요?"

할아버지의 대답이 절묘하다.

"네가 먹이를 주는 놈이 이기지."

출처 : 크리스토퍼 거머, 『오늘부터 나에게 친절하기로 했다』, 더퀘스트

소개한 우화에는 인디언 문화의 오래된 지혜가 담겨 있다. 엄마는 아이를 돌보기 전에 자신을 먼저 돌아봐야 한다. 마음 챙김의 명상을 통해 마음의 크고 작은 스트레스를 줄여나가야 한다. 마음에서 일어나는 스트레스는 육체의 질환으로 연결될 수도 있다. 마음 챙김 명상으로 스트레스를 줄이는 연습을 하게 되면 마음과 몸에 건강한 출발이 된다.

나다니엘 브랜든(Nathaniel Branden)은 임상 심리학 박사가 된 뒤 지금은 자존감 세우기 운동의 핵심적 역할을 하는 사람으로서, 자존감을 다음과 같이 정의했다.

1. 살면서 부딪칠 수 있는 어려움을 생각하고 극복하는 자신의 능력에 자신감을 갖는 것.(잘 하는 것)

2. 행복해지고, 자신을 가치 있게 느끼고, 자신의 바람과 욕구를 주장하고, 노력의 결실을 즐길 권리에 자신감을 갖는 것.(좋은 기분을 갖는 것)

자존감이 자리 잡힌 아이는 성장을 잘 할 수 있게 된다. 자존감은 뭔가를 잘 해냈을 때 그 부산물로 생기는 감정이라고 한다. 높은 자존감을 느끼게 되면 기분이 좋아진다. 그렇지만 자신이 속한 세계에서 먼저 성공하지 못한 채 좋은 기분은 갖는 법만 배우게 된다면 자존감을 느끼는 의미와 목적이 혼란스러워진다.

아이를 키우게 되면 나의 부모님이 희생과 헌신을 하셨던 것처럼 엄청난 희생과 사랑과 헌신이 필요하다. 출산한 지 얼마 되지 않은 산모라면 갓난아이가 잠도 실컷 자지 못하게 하고 밥도 편히 못 먹게 한다. 밤과 낮이 구분 없이 막무가내로 울기만 한다. 아이를 키워야 하는 것은 부모 자신의 미숙한 부분을 찾아내 아이와 함께 치유하고 성장하는 과정이다.

부모도 완벽하지 않고 완벽할 수도 없다

초보 엄마가 경험이 부족하고 서툴러서 실수하더라도 내 아이를 가장 잘 이해하는 사람은 엄마다. 엄마는 자기 육아 방식에 자신감과 자존감을 가져야 한다. 조급해하거나 좌절하지 말고 자신만의 육아 방법을 적용해보고 그러한 과정에서 시행착오도 겪게 된다. 아이에 대한 애정과 사랑을 가지고 자신에게 맞는 최적의 방법을 찾아야 한다.

맞벌이하는 부부가 양육하는 데 있어서 우선순위로 삼아야 할 부분은 아이와의 정서적 안정과 애착 형성이다. 이 부분을 충족할 수 있는 부분은 아이와의 신체 접촉이다. 신체 접촉은 부모가 아이에게 사랑을 전하는 좋은 방법이다. 아이와 함께 있으면서 혼내고 짜증 내는 것보다 잠깐 아이를 안아 주고 뽀뽀해주는 것이 아이 정서에 더 좋은 영향을 끼친다. 아이를 양육하는 일은 엄마 혼자만의 노력으로 되는 것이 아니고 엄마와 아빠가 함께 만들어나가야 한다.

마라톤에 대한 내용을 보면 42.195㎞의 장거리를 달리는 경기로 우수한 심폐 기능과 강인한 각근력이 필요하며, 체온의 상승 및 심리적 피로 등에 적절히 대처할 수 있는 능력이 고도로 요구된다. 초보 엄마의 육아에 있어 좋은 엄마, 좋은 아빠가 되는 과정도 마라톤과 비슷하다. 첫아이를 낳았을 때는 벅찬 감동과 기쁨에 눈물을 흘리다가 산후조리원을 끝내고 집으로 돌아와 아이와 단둘이 있게 되면 당혹감에 눈물이 나기도 하고 낮과 밤이 바뀐 아이를 바라보면서 우울해하기도 한다.

아이를 낳기 전에 육아책을 공부하기도 했지만, 육아법은 이론과는 많이 다르다는 것을 깨닫게 된다. 아이가 자라면서 당황하는 것도 많고 새로운 의문이 꼬리를 물고 생겨난다. 초보 엄마가 하게 되는 착각 중의 하나가 내 아이만 까다로운 것 같고, 다른 엄마들은 잘하는데 나만 못한다고 생각한다. 시간이 갈수록 스트레스는 심해지고 자존감도 떨어진다.

괜한 일로 화가 나고 내 아이 육아만 힘들다고 느껴진다.

육아는 장거리 마라톤과 같다. 초보 엄마에게 필요한 것은 자신을 믿고 아이를 믿는 것이다. 나에 대한 자존감이 높아져야 육아에서도 자신감을 찾게 된다. 육아가 힘들다고 느껴지면 자신을 있는 그대로 인정하고 자신을 도울 방법을 생각하고 연구하고 다른 가족에게 요청해야 한다. 아이가 어릴 때는 부모에게 받는 정서적 · 환경적 영향이 무엇보다 중요하다고 한다. 우리는 항상 좋은 부모가 되기 위해 노력하고 공부해야 한다. 부모는 자신과 아이를 위해 항상 뒤돌아보고, 반성하여 부모가 먼저 건강한 어른이 될 수 있도록 노력해야 한다.

이 세상에 완벽한 부모는 없다. 엄마가 힘들면 힘들다고 아이에게도 얘기할 수 있어야 한다. 아이가 자신을 힘들게 한다는 사실을 인정하고 아이가 미울 때는 '너 미워, 그렇지만 엄마가 너를 미워하면 안 되지.'라고 생각하라는 것이다. 엄마의 부정적 감정 화, 분노, 슬픔 등을 아이가 경험할 수 있게 해야 한다고 한다. 아이는 부모에게서 긍정적인 감정을 배워야 하지만 부정적인 감정도 배워야 하기 때문이다. 긍정적인 감정으로 엄마의 자존감을 높이는 것도 필요하지만 부정적인 감정이 생겼을 때도 어떻게 표현하고 처리하는지도 배워야 한다.

부모도 완벽하지 않고 완벽할 수도 없다. 우리 부모님들도 장단점을 동시에 가지고 있는 것처럼 우리도 또한 단점과 장점이 있다. 아이는 환경에 따라 금방 바뀐다. 좋은 환경에서 키우면 좋은 방향으로 바뀌게 된다. 엄마가 지나친 죄책감과 낮은 자존감으로 아이를 대하면 오히려 더 좋지 않다. 아이가 부모에게서 배워야 하는 것은 완벽한 인간이 아니라 부정적인 감정과 긍정적인 감정도 느끼고, 시행착오도 겪고 실수도 하지만, 고민하고 지속해서 고쳐나가는 건강한 부모의 모습이다.

아이가 부모에게 양육과 교육을 받아야 하는 이유는 아이가 스스로 문제를 해결하는 능력이 부족하고 자기중심적으로 판단하고 행동하는 존재이기 때문이다, 아이를 키우는 일은 지치고 어렵고 힘든 일의 연속이다. 무조건 아이에게 해주려고만 하지 말고 아빠와 엄마가 역할을 어떻게 분담하고 아이를 양육할 것인지를 의논해야 한다.

가족과 이웃에게 도움을 구하며 내가 속해 있는 지역사회에서 받을 수 있는 프로그램도 알아보고 활용법을 배워 나가야 한다. 아이를 교육하고 양육하는 데 있어서 완벽한 부모는 없다. 완성된 부모가 아이를 키우는 것이 아니라 주위의 도움을 받으며 지혜롭고 자존감 높은 부모로 성장해가는 것이다.

이럴 땐 이렇게, 육아 필살기!

자꾸 엄마에게 화를 내요! 유아 사춘기 7살!

화를 내는 아이의 마음도 불안하다. 부모와 애착 관계를 제대로 맺지 못하고 있을 경우 아이는 심리적으로 불안해져서 자신의 감정을 잘 조절할 수 없게 된다. 따라서 벌컥벌컥 화를 잘 내는 아이가 되는 것이다. 만약 애착 관계를 잘못 맺어왔다면 바꾸어야 한다.

부모의 양육 태도를 바꾸어야 한다. 아이가 일상생활을 잘하고 있는지 다른 사람들과의 관계는 어떻게 맺고 있는지도 살펴보아야 한다.

화를 잘 내는 아이의 경우에는 아이의 마음을 풀어주려는 노력이 필요하다. 또한 어렵기만 하고 잔소리를 하기만 해서 힘들었던 부모 때문에 아이가 스트레스를 받고 있었다면 아이와 부모의 입장을 바꾸어보는 놀이를 해보는 것이 좋다. 그러면 아이는 엄마, 아빠의 입장을 이해할 수 있고 부모는 아이의 입장을 이해해볼 수 있기 때문이다. '얼음땡 놀이'는 상대방의 행동에 제약을 두거나 조절할 수 있는 놀이로, 서로의 입장을 바꾸어볼 수 있는 놀이 중 하나이다.

출처 : 『EBS 부모 사랑의 처방전』, EBS〈부모〉제작팀, 경향비피

해야 하는 것과 하면 안 되는 것을 명확히 하라

시작은 일에서 가장 중요한 부분이다.
- 플라톤 -

아이의 인성 조화롭게 발달시키기

아이가 자신의 의견을 말하는 것에 대해서 매우 서툴고 미흡하다. 질문하는 것에 대해서 두렵다고 생각할 수도 있다. 가르침에 대한 일방적인 주입 때문에 길들어서 나타나는 생각이다. 엄마는 아이에게 질문의 중요성과 방법을 가르쳐주어야 한다.

아이가 평상시에 궁금한 점이 생긴다면 적극적으로 질문하는 습관을 지니게 해야 한다. 아이의 질문을 귀찮아하면 안 되고 가능한 엄마는 최선을 다해서 답을 해주어야 한다. 이렇게 되면 아이가 질문하는 것을 두려워하지 않고 자신감을 가지고 질문을 하게 되고 토론을 즐길 수 있는 아이로 성장하게 된다.

아이에게 시간 활용의 중요성을 가르쳐주어야 한다. 『탈무드』에는 "날마다 오늘이 너의 최후의 날이라고 생각하라."라는 말이 있다. 하루하루 한순간 한순간을 전 인생을 사는 것처럼 최선을 다하라는 유대인의 생활 태도를 보여주는 말이라고 한다.

아이가 스스로 자기 일을 할 수 있는 나이가 되면 작은 일부터 주어진 시간 안에 혼자 할 수 있는 힘을 키우도록 도와주어야 한다. 시간을 어떻게 분배하고 활용해야 하는지도 가르쳐주어야 한다. 아이는 자신이 해야 할 일을 정해진 시간 내에 해내는 습관을 어려서부터 자연스럽게 익혀야 한다. 시간 관리 교육의 핵심은 우선순위에 따라 시간을 분배해서 정해진 일을 완수하는 것이다. 오늘 해야 할 일의 리스트를 기록한다. 우선순위대로 시간을 배정한 뒤에 시간 계획표를 세워서 일을 진행해나가면 된다.

아이가 계획표대로 진행하지 못하면, 계획표를 살펴주어야 한다. 계획대로 목표를 일부 성취했을 때에는 아이와 함께 기뻐해주고 칭찬을 아끼지 말아야 한다. 아이가 시간의 주인이 되어 성실성을 바탕으로 성취한 것이기 때문에 노력 과정에 대해 칭찬을 해주어야 한다.

밥상머리 교육이 아이의 인성을 조화롭게 발달시킨다. 식사시간에 부모는 일방적으로 아이에게 질문만 던지지 말고 일상생활을 주제로 자연스러운 대화를 나누면서 아이의 마음을 읽으려고 노력해야 한다. 아이의 이야기를 많이 들어주려고 하고 사소한 질문에도 최선을 다해 대답하고 애쓰는 모습을 보여주며 아이의 의견에 귀를 기울여야 한다. 아이와의 대화에서 엄마는 어떤 마음을 갖고 아이의 이야기를 듣느냐가 중요하다.

아이에 대해 사랑하는 마음, 따뜻한 마음, 그리고 인내심을 가지고 이야기를 잘 들어주어야 가족 간에 유익하고 즐거운 대화가 이루어질 수 있게 된다. 실제로 많은 연구를 통해 나타나듯이 가족 간에 함께 식사하게 되면 아이의 어휘력과 성적이 향상되고 아이들의 탈선 방지에도 도움이 된다고 한다.

아이는 성장하면서 크고 작은 실수를 많이 하게 된다. 엄마가 아끼는 그릇이나 유리잔을 깨뜨리기도 하고 아이가 가지고 놀던 장난감을 떨어뜨려 망가뜨리기도 한다. 아이의 실수는 성장 과정에서 겪게 되는 다양한 경험이다. 아이가 실수로 그릇을 깼다고 엄마가 무조건 야단부터 치게 되면 아이는 두려움으로 주눅이 들게 된다. 아이는 불안해하고 있을 때 꾸중을 들으면 이중으로 상처를 받게 된다. 아이가 실수하면 윽박지르거나 화내지 말고 정서적으로 경직되지 않도록 세심하게 배려해주어야 한다.

아이의 실수에 대한 긍정적인 태도가 창의성의 원천이 될 수 있다. 가정에서 아이가 실수해도 야단치거나 체벌하는 대신, 누구나 실수할 수 있다고 격려해주거나 다독여주어야 한다. 아이가 실수했다고 무조건 나무라기보다는 아이의 성장 과정에서 있을 수 있는 일이라고 생각해 봐야 한다. 쉬어간다는 마음으로 아이의 실수를 용납해주고 따뜻하게 안아주면 아이는 건강하게 성장하게 된다.

아이가 독립성과 책임감을 길러주고 올바른 가치관을 갖게 해주려면 자신의 세계를 탐험할 수 있도록 미리 안전을 확보해주어야 한다. 정수기에서 뜨거운 물이 나오는 경우 온수 버튼을 OFF로 해놓는다. 주방에서 접시를 꺼낼 때 깨지지 않도록 알려주고 서랍장의 서랍이 너무 무거워서 아이가 열 수 없는 경우는 아닌지, 계단을 내려갈 때는 뛰어가면 안 된다는 것을 알려주고 확인해주어야 한다.

아이가 스스로 결정을 내리는 것도 성장하는 증거다. 간단한 일은 아이가 선택할 수 있게 해주는 것이 좋다. 아이는 스스로 생각하는 법을 배워나가게 되는데 부모가 알려주고 시키는 대로만 할 수 없다.

예를 들면 아이가 아침에 일어나야 하는 시간, 잠자리에 들어야 하는 시간, 양치질하는 시간, 식사는 하루에 몇 번 하는지 부모가 정해줘야 하는 몫이 있지만, 아이가 스스로 결정할 수 있는 선택권을 줄 수 있는 일도 있다. 식사하기 전에 책을 읽을 것인지 식사 후에 책을 읽은 것인지,

옷을 입을 때 어떤 색깔의 옷과 디자인의 옷을 입을 것인지, 외식할 때 아이가 먹고 싶은 음식은 밥인지 감자인지에 대해서 아이가 선택하게 할 수 있다.

아이의 독립심 키워주기

아이의 독립심은 아이가 하는 행동만이 아니라 주변에서 아이를 어떻게 대하는지, 아이가 얼마나 존중받는지도 포함된다. 예를 들면 아이가 옷을 벗고 갈아입어야 하는데 아이의 일거수일투족을 부모의 소유물인 양 다루게 된다면 아이는 스스로 독립적이라고 느끼지 못하게 된다. 부모는 아이에게 책임감 있고 독립적인 사고를 통해 의사를 결정하는 능력을 길러줘야 한다.

아이가 가게에서 귤을 한 알 집어 들고 먹기 시작할 수가 있다. 권위 있는 육아를 하는 부모는 '귤을 당장 내려놔!' 하고 소리를 지른다. 이 기회를 살려 아직 귤값을 내지 않았기 때문에 귤을 먹으면 안 된다고 설명하면서 아이를 가르친다. 그다음에 귤을 사는데 아이가 거들게 하고 계산 후에 아이에게 맛있게 먹으라고 권유한다.

'권위 있지 않고 관대하기만 한 부모'는 아이가 귤을 한 알 집어 들고 먹기 시작하는 경우에 징징거리고 떼를 쓸까 봐 그냥 지켜보기만 한다.

아이는 부모가 전하며 실천하는 가치관과 기준에서 도덕적인 행동을 배운다. 처음에는 엄격하게 시작한 다음 아이가 커갈수록 느슨하게 풀어 주는 것이 효과적이라고 한다. 훈육이 아이들의 자존감에 상처를 준다는 것은 잘못된 상식이다. 부모가 단호하고 균형을 지키며 공감과 이성을 바탕으로 아이를 다루게 되면 아이는 긍정적인 가치관, 소망, 포부, 목적 의식을 키워가게 된다. 또한, 아이의 도덕성은 주로 가정 안에서 부모와 함께 일상적으로 주고받는 상호 간의 작용을 통해 전달된다.

아이는 충동을 제어하는 방법도 배워야 한다. 아이들이 장난감을 가지고 놀 때 친구가 아이의 장남감을 빼앗는다면 아이는 자연스럽게 반항하고 소리를 지르며 때리거나 장난감을 다시 빼앗아오는 반응을 보인다, 아이는 '친구가 내 장난감을 빼앗아 갔지만, 때리는 것은 옳지 않아.'라고 내면의 소리에 귀 기울이는 법을 배워야 한다. 아이는 때리는 것을 멈추고 다른 행동 방법을 찾아가게 된다. 도덕적 행동은 공격적인 행동을 억제하는 것 이상이다. 아이는 협동심과 도와주기, 공감하기 등 친사회적 행동을 배워 나가게 되는 것이다.

공감은 다른 사람의 기분과 감정을 공유하는 것이다. 다른 사람의 고민을 해석하고 적절하게 반응하는 능력도 포함된다. 아이는 울고 있는 친구에게 다가가서 자기의 인형을 건네거나 친구와 간식을 나누어 먹는 것으로 공감을 표현하기도 한다. 아이에게 도덕적인 행동을 증진하는 다른 자질은 욕구 충족을 위해 해야 하는 것과 하면 안 되는 것을 명확하게 가르쳐주며 기다리는 능력이다.

아이의 행동 방법에 대해 알려주면서 본보기로 벌을 주거나 상을 줄 때, 아이가 어떤 일에 대해 기분 좋아하거나 나빠할 때도 부모들은 가치관을 전달하게 된다. 아이가 바르게 행동하길 원할 때, 부모가 스스로 좋은 가치관을 가지고 행동하면 아이에게 본보기가 될 수 있다.

아이의 사소한 행동에서 강점을 찾아서 말해주라

습관을 만드는 것은 우리지만, 그 뒤에는 습관이 우리를 만든다.
- 존 드라이든 -

아이의 강점 찾아주기

아이는 기질과 재능, 발달 단계, 관심 분야가 다르다. 아이를 공부라는 것으로 비교하고 판단하면 안 된다. 아이를 하나의 인격체로 인정하며 존중해주어야 한다. 아이를 친구나 형제들과 비교해서 얘기하면 아이의 속마음은 분노와 열등감, 경쟁심으로 들어차게 된다. 비교하는 부모에 대한 분노가 생기고 친구나 형제에 대한 경쟁심과 열등감이 생겨 아이의 성격과 정서에 좋지 않은 영향을 미치게 된다.

엄마는 아이가 가지고 있는 각기 다른 재능과 개성, 각각의 차이에 대해서 말해주어야 한다. 아이에게 사람은 저마다 생김새가 다르듯 관심사, 성격, 재능, 개성 등이 다른 것이라고 가르쳐주어야 한다. 아이가 잘하고 좋아하는 일을 할 수 있도록 어려서부터 지지하고 밀어주어야 한다. 아이마다 개성이 다르고 재능이 다르다는 것을 인정해주고 아이와 함께 강점을 고민하여 찾아가야 한다.

아이를 개성 있는 아이로 키우기 위해서 자기 아이가 다른 아이와 똑같이 행동하고, 배우고 생각하는 것을 배워 정형화된 사고의 틀을 가진 상투적인 사람이 되는 것을 지양해야 한다. 아이 스스로 자신의 개성과 강점을 찾도록 도와주는 것이 부모의 가장 중요하면서도 어려운 일이다. 부모는 아이의 개성과 재능, 그리고 강점을 살리는 데 아낌없는 노력과 지지를 해주어야 한다.

아이의 개성을 살리고 강점을 찾아주며 창의성을 길러주는 교육 방식이 큰 도움이 된다. 끊임없이 '왜'를 반복하여 아이가 문제에 대해 의문점을 가지게 하는 것이다. 아이의 개성을 찾아주는 것은 부모의 중요한 의무이다. 부모가 진지하게 생각해야 하는 부분 중의 하나가 아이를 키우면서 성장하게 되면 누구나 가는 안전한 길을 선호하게 되고 일류대학을 지향하며 좋은 직장을 들어가는 것을 우선시하고 성공의 지름길로 보게 되는 것이다.

아이의 강점보다는 부모의 기대와 욕심이 앞서기 때문이다. 아이가 자기의 방식으로 행복을 추구하며 살아가도록 격려하고, 아이의 개성을 찾아주고 이러한 바탕 위에서 아이 스스로 인생을 계획하고 발전시켜 나가도록 부모는 좋은 조력자 역할을 해야 한다.

부모가 아이를 키우는 데 역할은 아이의 자아성취를 도와주고, 사회·문화적 발달을 도와주는 역할을 하며 심리적 안정을 주는 역할이다. 또한, 아이의 생존을 도와주는 역할이다. 아이가 자신을 긍정적으로 생각하고 자아존중감을 가질 수 있게 해야 한다.

부모가 아이를 양육하는데 소유물로 생각하고 착각하는 경우다. 예를 들면 자신이 화를 유난히 잘 내는 경우다. 부모 자신의 기준이 너무 높은 경우이다. 부모 자신의 기준이 너무 경직된 경우다. 아이가 성장할수록 소유물로 생각하지 말고 독립된 인격체로 보아야 한다. 그리고 아이의 관점에서 그런 행동을 하는 이유를 이해하려고 노력해야 한다.

아이의 기질은 타고난다. 기질은 부모에게서 물려받는 것이다. 사람의 성격은 타고난 기질에 환경의 영향을 받아 만들어진다고 한다. 부모는 성장하면서 다양한 사람은 만나고 학교, 회사, 사회 등에서 많은 환경 변화를 겪었다. 기질은 고정되어 있지만, 환경에 따라 사람의 성격은 변하는 것이다. 아이의 타고난 기질도 무시할 수 없지만 주 양육자의 태도가 매우 중요하다. 까다로운 성격의 엄마라면 자신의 양육 태도가 덜 예민해지도록 노력해야 할 부분이다.

부모가 아이와 함께 성장하는 마음가짐

아이가 만 2세가 지나 말귀를 알아듣기 시작하면 무서워할 이유가 없는 존재에 대해서 자세히 설명해주면서 이해시키려는 부모의 노력이 필요하다. 만 2세 전에는 아이가 무서워하거나 두려워할 때 아이를 안고 빨리 다른 곳으로 이동해야 한다. 무서워하는 공간에서 아이를 계속 두려움에 떨게 할 필요는 없다. 아이의 발달 문제와 기질 문제는 성인이 되어서까지 지속되지 않는다. 세상 모든 아이의 발달 속도가 같을 수는 없다. 각자 아이의 기질과 특성과 강점이 다르므로 부모는 아이의 발달 속도에 맞춰서 기다려야 하는 인내가 필요하다.

내 아이만의 멋을 관찰하고 찾아내야 한다. 아이의 성격은 잘 관찰해서 살려주고 인성은 부정에서 긍정으로 '할 수 없다'에서 '할 수 있다'로 '못한다'에서 '한다'로 자신감을 넣어주고 타인과 살아가면서 필요한 예절을 가르쳐주어야 한다. 또한, 엄마 생각만을 아이에게 강요하면 안 된다.

아이가 마음에 들지 않는다고 해도 아이가 잘할 수 있는 강점과 특질을 존중해주어야 마음껏 자기 능력을 펼칠 수 있게 된다. 성격 차이를 인정하고 아이만의 강점을 살려주어야 한다. 아이와 내가 다름을 인정해주어야 한다. 아이와 엄마의 성격이 비슷할 때는 문제가 되지 않지만, 아이와 엄마의 성격이 다를 때는 문제가 심각해진다.

아이의 장점을 살려주어야 한다. 내 아이가 어떤 아이인지 파악해서 성격을 바꾸려고 하지 말고 성격이 빛을 발할 수 있도록 강점을 살려주어야 한다. 부모의 교육 소신을 버릴 줄 알아야 한다. 부모는 아이 소신대로 가게 해주는 게 좋다. 아이가 어떤 강점이 있는지, 어떤 스타일인지 알고 맞추어야 아이와 조화롭게 성장할 수 있게 된다.

아이가 발달이 더디고 못 하더라도 부모는 무엇을 잘하는지 관찰하고 찾아내서 살려주어야 한다. 아이 방식대로 사랑해주어야 한다. 아이를 행복하게 해주고 싶다면 아이가 자기답게 스스로 성장할 수 있도록 배려해주고 자유롭게 해주어야 한다.

많은 부모가 육아를 힘들어한다. 부모가 아이에게 모든 것을 해결해줄 수는 없다. 아이를 키우는 일이 '육아공포'라는 부메랑으로 돌아오지 않게 하려면 부모 자신이 할 수 있는 일과 할 수 없는 일을 알고 있어야 하고, 할 수 없는 일과 알 수 없는 일에 집착하지 말아야 한다. 부모가 아이와 함께 성장하는 마음가짐이다.

초보 엄마는 아이를 힘들지 않게 키우려면 자신의 마음에서 상황을 편안하게 받아들여야 한다. 아이와 엄마가 함께 있는 시간을 고통으로 느끼지 말고 시간이 물 흐르듯 자연스럽게 흘러가게 해야 한다. 과잉육아를 하는 엄마는 아이에 대한 책임감이 지나치게 강한 경우가 많다고 한다. 과잉육아는 아이와 부모를 힘들게 한다. 아이에게 닥칠 위험요소만 제거하고 아이 혼자할 수 있는 환경을 만들어 주어야 한다. 초보 엄마가 육아에 임하는 마음가짐은 아이와 더불어 성장한다는 마음으로 함께 먹고, 치우고, 놀고, 정리하고, 씻고, 닦는다. 육아를 즐겨야 한다.

아이의 속을 부모가 알기 위해서는 누구보다 민감하게 아이를 관찰해야 한다. 아이의 욕구를 읽기 위한 민감성은 부모가 되는 순간부터 노력해야 얻을 수 있다. 초보 부모는 아이의 울음을 잘 견디지 못한다. 아이가 울게 되면 당황해서 빨리 울음을 멈추게 하는 데만 급해진다. 마음이 급해지면 아이의 '민감성'을 읽을 수 없게 된다. 아이의 기분이 어떤지, 아이가 무엇을 원하는지 알려면 아이에게 집중해야 한다. 아이의 작은 반응에도 귀를 기울여 맞추려고 노력해야 한다.

부모의 사랑에 조건이 붙으면 아이는 불안정해진다. 정서가 안정된 아이로 키우고 싶다면 부모는 자식을 조건 없이 사랑해야 한다. 아이를 조건 없이 사랑하는 데 조심해야 할 것은 '칭찬'이다. 잘한 것이 아니라 최선을 다한 것을 칭찬하고 강점을 찾아주고, 못했더라도 최선을 다했다면 칭찬해주어야 한다. 칭찬이 부모에게 사랑받기 위해 잘해야 한다는 부담으로 아이에게 작용하면 안 된다. 아이의 사소한 행동에서 강점을 찾아주고 칭찬해주면 아이는 부모의 사랑을 느끼게 되고 자존감이 높아진다.

아이에 대한 관점을 바꿔서 바라보라

과거에서 배우고, 현재를 위하여 살고, 미래를 꿈꾸어라. 중요한 것은 질문을 멈추지 않는 것이다.
- 앨버트 아인슈타인 -

아이의 사회성 키워주기

『보바리 부인』 등의 걸작으로 유명한 귀스타브 플로베르는 열 살이 다 될 때까지 말을 거의 하지 않았고, 가족들에게 '집안의 골칫거리'로 불렸다. 그런데 열두 살이 되었을 때는 어른에 버금가는 희곡을 쓸 만큼 언어 능력이 급격하게 향상되었다고 한다.

상대성 이론으로 유명한 아인슈타인도 다섯 살이 될 무렵까지 말을 거의 하지 못했다고 전해진다. 플로베르와 아인슈타인의 경우처럼 이런 상자는 발달이 똑같은 속도로 진행되는 것이 아니고 균일하지도 않다는 것을 나타내준다. 특이한 능력을 갖춘 아이의 경우 균일하지 못한 발달의 모습으로 나타난다. 지능검사는 그대로 믿는 것이 아니고 하나의 기준으로만 참고해야 한다. 아이의 성장은 아이마다 성장 속도와 발달 시점이 다르다. 아이의 속도와 특성을 존중해주어야 한다.

아이의 육아에 있어서 공정하고 현명한 한계선을 정한 후에는 분명하고 정직하게 아이에게 설명해주어야 한다. 아이는 부모와 생각이 다를 수도 있고, 부모의 결정을 좋아하지 않을 수도 있다. 가족의 의사결정 과정에 참여하게 된다면 아이는 협상과 주고받기, 협력에 관해서 많은 것을 배우게 된다.

아이의 권리는 부모의 권리 및 다른 가족의 권리와 균형을 이루어야 한다. 또한, 아이가 타인의 감정을 이해하도록 도와주어야 한다. 아이가 다른 사람의 기분을 이해하는 데 관심을 기울일수록 다른 사람의 감정을 배려하게 되고 이기적이지 않다면 공감(감정이입)이라는 것이 생기게 된다,

아이는 커갈수록 친구와 어울릴 때 순서를 지키고 양보하기를 배워야 하고, 어울리는 법을 배우면서 자신의 기질과 욕심, 행동 방식을 조금 바꾸어 얻어지는 이점을 발견하게 된다. 부드럽게 협동해야 하는 사회적 행동을 배우는 일은 아이에게 상당한 노력을 요구한다. 아이가 사회성을 배우기 시작하게 되면 친구들에게 친절하게 대하는 방법을 알려주어야 하고, 친구는 친절하게 대하는 사람을 좋아한다는 점도 알려주고 항상

"부탁해."와 "고마워.", "미안해."라는 말을 쓰라고 알려주어야 한다.

사람은 모두 내면에 공격성이 있다. 아이들은 성장하면서 이런 충동을 억제하는 법을 배우게 된다. 공격성을 억제하는 법을 배우는 것은 유아기에 사회적 발달에 중요하다. 아이의 분노는 공격성으로 이어질 수 있으며 아이가 느끼는 분노는 정상적인 부분이기는 하지만, 분노를 표현하는 강도는 아이마다 차이가 있다. 아이는 부모의 행동을 모방한다. 규칙을 어겨서 체벌을 받게 되면 아이는 타인과의 관계에서 공격적으로 행동할 수도 있게 된다.

아이가 공격성을 드러낼 때 부모가 현명하게 대처하는 방법은 다음와 같다. 아이가 집에서 파괴적인 행동을 할 때가 있다. 이것은 동작이 서툴러서 그런 것이지, 악의가 있어서 그런 것이 아니거나, 자연스러운 호기심일 수 있다. 아이는 호기심에서 물건을 분해하지만 때로는 화가 나서 고의로 물건을 부수기도 한다. 아이가 장난감을 일부러 망가뜨렸다면 아이에게 장난감을 다시 사주지 않겠다고 얘기해야 한다. 또한, 자신이 아이를 어떻게 훈육하는지 돌이켜 봐야 한다.

아이는 누군가에게 받아들여지고 칭찬받기를 원한다. 아이가 처음으로 사회성을 배우는 곳도 가정이다. 아이는 부모가 자신과 다른 사람들을 대하는 것을 지켜보면서 사람들을 대하는 법을 이해하게 된다. 아이는 성장하면서 인간관계를 맺고 필연적으로 가족만이 아니라 다른 사람과도 관계를 맺게 된다. 자기중심적이었던 사고방식도 점차 바뀌 나가게 된다. 시간이 갈수록 자신과 가족 이외에 타인과 함께 하는 사회에서 공동체 생활을 하게 되면서 아이는 뚜렷한 소속감과 책임감, 목적의식을 갖게 된다.

『창가의 토토』의 저자 구로야나기 데츠코는 어린 시절에 학교에 적응하지 못했다. 『창가의 토토』에서 묘사된 소녀는 호기심이 왕성하고 활발하며 주위에서 일어나는 일에 시선을 빼앗겨 수업 중에 자기도 모르게 창가로 달려가 밖에서 일어나는 일을 보고 환호성을 지르기도 했다고 한다. 일본의 군국주의 학교 교육에 어울리지 않는 아이였다.

시인이나 작가, 과학자, 실업가 등의 전기를 보면 어린 시절 개구쟁이이거나 호기심이 왕성하고 상식적인 생각에 얽매이지 않은 사람들이 많았다. 아이들이 어렸을 적에 보이는 천진난만함, 활동성, 호기심과 상식에 얽매이지 않는 자유로운 발상들을 잘 살려주면 아이에 대한 관점이 바뀌어 좋은 장점이 될 수 있다.

아이의 믿음을 존중해주기

아이가 커갈수록 부모는 아이의 상호작용을 전부 감시하고 통제하기란 불가능하다. 아이가 커갈수록 엄마의 통제가 너무 많아지면 역효과가 나게 된다. 아이 스스로 독립적이고 내면적인 통제력을 발달시키려면 부모는 적절한 통제와 균형 잡힌 판단력을 적용해야 한다. 통제는 공포심을 조장하기보다는 아이의 내면적인 자제력을 격려해줘야 한다. 아이의 사회적 책임감을 독려하려면 아이가 자연스럽게 남의 처지에서 생각하는 법을 배울 수 있도록 엄마가 도와주어야 한다. 아이는 성장하면서 주변 상황에서 어떤 일이 일어나고 있는지 점차 신경을 쓰게 된다.

아이는 성장해가면서 행동과 규칙의 제한선을 존중하는 법을 배우게 된다. 그리고 자기 고유의 기준과 제한선도 발달시키게 된다. 어린아이는 자기중심적이다. 아이는 커갈수록 제한과 규칙을 이해하는 데 논리를 사용한다. 예를 들어 아이가 유치원을 다니기 시작할 무렵이면 아이는 다른 친구들도 저마다 욕구가 있으며 필요로 하는 무엇이 있다는 것을 인지하게 된다. 친구들은 자신과 다른 관점을 가지고 있기도 하고 다른 사람의 관심이 자기 관심과 충돌하기도 한다는 것을 느끼게 된다.

아이들은 가정에서 제한선과 규칙이 필요하다. 행동의 지침이 되어주는 규칙과 체계가 없다면 아이들의 교육을 제대로 시킬 수 없게 된다. 훈육과 규칙, 제한선은 아이의 생활에 질서를 가져오게 된다. 아이가 성장하고 상황이 달라지면서 제한선관 규칙이 바뀌더라도, 규칙은 아이가 충동을 제어하고 관리하는 데 필요한 기술을 가르치게 된다.

아이는 가정이나 공동체 생활을 할 때 다른 사람들의 기준을 존중할 줄 알아야 한다. 아이가 다른 사람들에게 맞추려 노력할 때 자신이 원하는 바를 함께 고려할 수 있도록 부모는 허용해주어야 한다. 아이의 판단을 신뢰해야 한다. 예를 들면 아이가 친구 집에서 파자마 파티하는 것을 허락했다면 이래라저래라 잔소리하고 싶은 충동을 엄마는 자제해야 한다. 아이의 관점에서 이해해주고 생각해주며 자신을 스스로 '책임질 수 있다.'라는 아이의 믿음을 존중해주어야 한다.

규칙에 대해 아이가 유연하게 협상할 수 있도록 해주어야 한다. 아이가 가정에서 권위에 의문을 제기하고 도전할 수 있게 하고 공정하지 않은 규칙을 재협상하며, 엄마는 아이에게 훈육하는 방식에 대한 발언권을 아이에게 주면서 아이가 책임감, 존중, 타협에 대해 생각하고 배울 수 있도록 도와야 한다.

아이가 자신이 하는 행동의 결과를 경험하게 해주어야 한다. 아이가 잘못된 행동을 하는 경우 엄마가 아무리 말해도 계속 말을 듣지 않는 경우가 있다. 이럴 때는 엄마가 하는 말이 잔소리로 여겨지게 된다. 아무리 고쳐주려고 하고 혼을 내도 제멋대로이거나 징징대는 아이의 행동은 나아지지 않는다. 아이가 자신의 행동과 선택의 논리적인 귀결을 보게 해야 한다. 아이에 대한 관점을 본격적으로 바꿔 바라봐야 하는 때이다.

이럴 땐 이렇게, 육아 필살기!

아이가 욕을 입에 달고 살아요!

아이가 욕을 하다고 해서 무슨 문제가 있는 건 아닐까 하고 걱정할 필요는 없다. 그렇다고 욕을 통한 의사 표현이 바람직하다는 것은 아니다. 아이가 욕을 하면 그것을 성장 과정으로 받아들이고 올바르게 자기 의사를 표현하는 방법을 가르쳐주어야 한다. 욕을 한 즉시 바로잡아 주어야 한다. 아이의 잘못도 현장에서 짚어 줘야 효과적으로 고칠 수 있다. 부드러운 목소리로 단호하게 이야기해주어야 한다.

아이가 자신의 화나는 감정을 표현하기 위해 욕을 사용했다면 이때는 기분이 어떨 때 욕을 사용하는지, 욕을 사용하면 어떤 점이 안 좋은지 대화를 통해 아이 스스로 답을 찾게 유도해주어야 한다.

"○○야, 조금 전에 욕을 했잖아. 왜 그런 거야?"
"친구가 장난감을 빼앗아 가서 그랬어."
"친구에게 장난감을 뺏겨서 화가 났던 거구나?"
"응."
"그런데 욕을 하니까 기분이 좋아졌어?"

"아니."

"네 욕을 들은 친구는 기분이 어떨 것 같아?"

"그 친구도 기분이 안 좋을 것 같아."

"욕을 하니까 너도 기분 안 좋고, 친구도 안 좋겠지? 또 싸우게 되고."

"응."

"그러면 친구가 장난감을 뺏어 갈 때 어떻게 해야 할까?"

"예쁜 말로 해야 해."

"그래. '네가 장난감을 뺏어 가서 기분이 안 좋아. 다시 돌려줄래?' 하고 말하는 거야."

출처 : 『신의진의 아이 심리백과』, 신의진, 갤리온 출판사

아이가 어떤 상황에서 예민해지는지 살펴보라

마음으로 보아야 제대로 볼 수 있다. 중요한 것은 눈에 보이지 않는다.
- 생 텍쥐페리 -

아이의 두려움과 공포심 줄여주기

아이는 각자 특별한 근심과 두려움을 가지고 있다. 부모 없이 어떤 상황에 대처할 수 있는 능력은 한시적이다. 아이가 스스로 편안하게 할 수 있는 정도보다 더 많은 것을 부모가 기대한다고 느끼거나 어떤 일이 일어나서 안정감이 떨어지면 아이는 불안할 때 부모에게 매달리는 행동으로 돌아가게 될 수도 있다.

아이에게 독립성을 허용해야 하지만 너무 강요해서는 안 된다. 과하게 보호하지 않으면서 아이를 걱정시킬 만한 일에 대해서는 예측하여 부모가 처리해주는 것이 좋다. 아이는 독립된 존재임을 자각하면서도 몸을 사리게 되는 때도 있다. 다칠 것 같다는 걱정에 불안해하는 것이다. 피를 봐도 무서워하게 된다. 만 3세에서 5세의 아이들은 조금만 상처가 나거나 피가 나도 일회용 반창고를 여러 개 붙인다.

아이의 자립 속도가 불안정하고 더딜 수 있다. 아이 스스로 속도를 정하게 해서 아이가 불안과 공포를 헤쳐나가도록 부모는 도와주어야 한다. 확실한 기준에 따라 아이와 아이의 일상에 일정한 통제를 유지해주어야 한다. 아이가 예민하게 받아들이지 않도록 조절해주는 것도 부모의 방법이다. 아이의 안전은 부모의 책임이다.

아이가 예민하게 받아들이며 무서워 할때는 일단 안심을 시켜야 한다. 아이에게 미치는 말의 영향력이 예전보다 커지므로 이때 차분하게 설명해주면 아이의 불안감을 완화할 수 있게 된다. 아이를 조롱하거나 겁이 많다고 놀리는 것은 아이에게 상처가 된다. 아이는 강한 척하면서 두려움을 감추게 될 수도 있다.

아이의 내면에 숨겨진 공포는 아이를 괴롭히게 된다. 아이가 일상에서 상당 부분 스스로 대처할 수 있다고 생각하고 느끼게 되면 공포심이 잦아들게 된다. 넘어졌을 때 아이의 상처가 난 무릎은 낫고, 자전거를 타다가 넘어져도 몸이 산산이 조각나지 않으며, 부모는 결코 자신에게 아무 말도 없이 사라진다거나 잃어버리는 일이 없다는 것을 서서히 알게 된다. 아이는 자기가 안전하며 스스로 많은 일을 할 수 있다는 것을 자각해 나아가면서 아이의 두려움과 공포는 서서히 줄어들게 된다.

아이들은 많은 시간 또래 아이들을 대하며 보내기 시작한다. 또래 아이들과의 집단에서 구성원으로 받아들여지려면 아이는 자기가 원하는 것이 허용되지 않을 때도 좌절감과 분노를 제어할 줄 알아야 한다. 다른 사람들과의 감정과 소망을 고려하고 개인적인 관심보다는 집단의 이익을 우선하는 법을 배워야 한다.

예를 들면 아이는 집에서 받는 스트레스를 다른 친구에게 풀기도 한다. 자기보다 어린아이를 때리거나 발로 차거나 꼬집기도 한다. 또는 집에 있는 어린 동생을 때리기도 하고 낯선 사람을 때릴 수도 있다. 사람은 소리 지르거나 때리고 미는 등의 공격성을 드러낸다고 해서 분노가 줄어드는 것은 아니라고 한다.

부모가 아이가 예민해지는 것과 공격성에 대해서 벌을 주거나 화를 내는 식으로 대응하면 아이의 공격적인 행동을 억제할 수도 있다. 그렇지만 벌이 공격성 자체를 억제하지는 못한다. 아이에게 벌을 주거나 체벌을 하겠다고 하면 아이의 공격적인 성향을 더 부추길 수도 있다고 한다.

어린아이들은 공격적인 충동을 자제하는 데 부모의 도움이 필요하다. 아이는 왜 때리면 안 되고 물면 안 되는지 이러한 것들이 왜 옳지 않은 행동인지에 대해서 배워야 한다. 아이가 자제력을 잃었을 때 억제해줄 사람이 필요하다. 분노를 말로 표현하는 것이 공격적인 행동보다는 낫다는 점을 알아야 한다. 부모는 아이에게 화났음을 알고 있다고 차분하게 설명해주어야 한다. 아이들은 놀 때도 어른들의 감독이 필요하다.

아이들은 아직 감정 조절이 안 되고 순식간에 협동심을 잃을 수도 있다. 모든 아이를 안전하게 지켜주는 것은 어른들의 몫이다. 아이가 친구와 놀이를 할 때도 놀이 친구와 갈등을 해결하는 효과적인 방법은 함께 나누고 순서를 지키며 협동해서 노는 방법에 있다는 것을 가르쳐주어야 한다.

어린아이가 성장하면서 공격적인 감정을 억누르고 통제하는 과정은 타고나는 선천적인 것이 아니라 가정의 교육을 통한 후천적으로 형성되는 것이다. 아이가 파괴적인 행동을 포기하는 것은 공격적인 발달 단계가 어느 아이에게나 왔다가 가는 단계에 해당하기 때문에 부모가 공격적인 행동을 나무라고 행동의 한계를 정하기 때문이다. 아이들은 커가면서 어떤 행동이 기대되는지 더 잘 이해하고 이런 기준을 자기 것으로 만들게 된다.

육아에서 가장 해결하기 힘든 부분은 훈육이다. 아이들은 어른들에게서 자연스럽게 배우려고 한다. 하지만 많은 자유를 원하기도 하며 자신의 경험과 행동을 스스로 조절하고 싶어 한다. 효과적인 훈육 방법은 아이들이 사회에서 성공적으로 역할을 하기 위해 자신이 필요한 것과 원하는 것 사이에서 균형을 잡을 수 있도록 도와주는 것이다. 진정한 훈육은 아이가 혼자 있을 때도 정직하며 안전하고 착한 행동을 하도록 가르치는 것이 목표이다.

부모와 아이 사이에 균형점 찾기

아이가 여러 상황에서 혼란을 느끼지 않고 어떻게 행동해야 하는지를 아이에게 가르쳐주어야 한다. 차들이 달리는 도로에는 뛰어나가는 행동을 하면 안 되고 길을 건널 때에는 좌우를 살펴야 하고 등 아이에게 무엇을 하지 말라거나 하라고 말하는 데는 끝이 없다. 이러한 지시들을 모아서 원칙을 세워주어야 한다.

엄마는 조금씩 아이에 대한 관리를 줄여나가면서 아이가 스스로 원칙들을 지켜나갈 수 있도록 해주어야 한다. 정직하고 예의 바르고 사려 깊으며 협동적인 아이를 원한다면 부모가 먼저 모범을 보여 본보기가 되어야 한다. 아이는 자기 노력보다 비판을 받기보다는 올바른 행동으로 이끌어질 때 가장 말을 잘 듣고 기분 좋아한다. 부모는 일관성을 유지하는 것도 중요하고 실수를 하면 사과를 하는 것도 중요하다. 미안하다고 사과하고 내가 틀렸다고 시인하는 것이 아이에게는 인간적으로 느껴진다.

작은 행동이나 말이 부모가 아이의 기분을 고려하고 존중한다는 것을 보여주는 것이다.

아이가 부모가 시키는 대로, 하라는 대로 하지 않는 이유에는 아이가 그저 다른 것을 하고 싶을 뿐일 수도 있고, 부모가 원하는 바를 이해하지 못했거나 기억하지 못할 수도 있다.

아이는 독립심을 보여주고 싶기도 하고, 약 올리고 싶기도 하고, 부모의 말과는 반대로 느끼기도 한다. 어떤 행동의 대가를 알게 하고 벌을 주는 것도 훈육의 한 방법이다. 벌은 아이에게 무엇이 용인되고 용납되지 않는지를 보여주게 된다. 하지만 벌은 순간적이기 때문에 자주 빈번하게 사용하는 것은 좋은 방법이 아니다.

아이는 타인이 자신에게 어떻게 행동하는지를 보고 그것을 모방하여 사회에서 자신이 행동하는 법을 배워 나간다. 부모가 체벌을 자주 사용하면 아이도 원하는 것을 얻고자 폭력을 사용하게 될 가능성이 커진다. 아이들의 잘못은 건망증이나 충동에서 비롯되는 경우가 많다. 체벌을 받아 매를 맞은 아이의 기억에는 자신이 무엇을 잘못했는지가 아니라 수치심과 아픔과 부모에 대한 원망만 남게 된다.

아이가 어떻게 행동해야 하는지를 가르치려면 아이를 체벌하거나 아프게 하거나 창피를 주면 안 된다. 아이를 바르게 훈육하는 좋은 방법은 부드럽게 아이가 자기 행동의 결과를 느껴보게 하는 것이다. 놀이터에서 친구와 놀다가 화가 나서 친구를 밀치거나 떼쓰거나 소리 지르면 다른 친구들이 함께 놀려고 하지 않는다는 결과를 체험하면서 아이는 이런 행동을 자제하게 된다. 자제하는 것과 자기 행동에 책임을 지는 것의 중요성을 이해하도록 설명해주어야 한다. 자칫 감정이 상해서 예민하게 받아들이지 않게 이끌어 지도해주는 것이 필요한 부분이다.

육아는 모든 면에서 부모와 아이 사이에 균형점을 찾아야 한다. 내 아이에게 관심과 사랑을 주는 것이 육아의 즐거움이고, 아이가 잘 따르고 배워야 할 한계를 정해줘야 하는 것이 육아의 의무이기도 하다.

이 럴 땐 이 렇 게 , 육 아 필 살 기 !

거짓말을 밥 먹듯이 해요!

아이들이 거짓말을 할 때 '나름대로 이유가 있겠지.', '오죽했으면 거짓말을 할까.' 하는 마음으로 대해주어야 한다. 어른 입장에서는 별것 아닌 일이 아이들에게는 거짓말을 해야 할 만큼 심각한 문제가 될 수 있기 때문이다.

아이의 마음이 충분히 이해된다고 해도 거짓말하는 버릇을 그냥 내버려 두어서는 안 된다. 그렇다고 크게 야단치거나 여러 사람 앞에서 "너 그거 거짓말이지?" 하며 아이의 자존심에 상처를 주지는 말고, 아이가 거짓말을 하지 않도록 유도해주어야 한다. 일단 아이가 거짓말을 하면 부드러운 말로 "엄마는 네 말을 믿어. 네가 거짓말을 하더라도 언젠가는 엄마한테 사실을 말해줄 거라고도 믿어. 말하지 못해도 그럴 만한 이유가 있을 거라고 생각해."

수시로 거짓말을 할 때는 왜 거짓말을 하면 안 되는지 정확히 짚어주어야 한다. '양치기 소년'과 같은 이야기를 들려주면서 거짓말을 하면 어떤 결과가 생기는지 알려주는 것이 좋다. 해도 되는 일과 해서 안 되는 일을 명확히 구분해주는 작업이 필요하다.

출처 : 『신의진의 아이 심리백과』, 신의진, 갤리온 출판사

AMOR

- 5 장 -

똑똑한 엄마보다 진심으로 공감해주는 엄마가 되라

인성도 공부도
아이 마음 읽기가 답이다

거대한 참나무도 작은 도토리에서 자란다.
- 제프리 초서 -

아이의 마음 살펴주기

아이의 정서 발달을 위해 엄마는 아이의 마음을 잘 읽어주어야 한다. 엄마는 아이가 말하기 전에 아이를 주의 깊게 관찰하고 아이가 보여주는 여러 가지 정서에 대해서 민감하게 반응해주어야 한다. 아이가 말하는 정서를 받아들일 수 없더라도 이해한다는 것을 알려주어야 한다.

아이가 유아기 때 언어는 부모가 함께 아기에게 말과 대화를 많이 해주어야 한다. 부모의 자극에 따라 언어 발달 수준이 달라질 수도 있다. 두 돌 정도 지나면 아이는 질문이 급격하게 늘어나게 된다. 질문을 많이 할 때 성심성의껏 답해주고, 아이가 의견을 말할 수 있게 하는 것도 중요하다. 아이의 문자 교육도 받아들일 수 있는 최적기를 찾아내서 해주어야 한다.

외국어 교육과 수학 교육도 아이의 언어 능력과 발달 속도를 생각해서 해야 한다. 예체능에 관한 교육을 아이에게 시킬 때 요즘 부모 중에 조기 교육에 관심이 많아서 스포츠나 음악을 일찍 시키는 예도 있다.

재능이 있는 아이들은 흥미가 붙어 성장을 많이 보이지만, 재능이 없는 아이를 강제로 시키게 되면 흥미가 반감된다. 다양한 신체 활동을 통해서 균형 잡힌 발달을 이룰 수 있도록, 음악과 체육 활동을 시키는 방법으로 생각하는 것으로 충분할 수도 있다. 아이에게 다양하고 흥미를 느끼도록 긍정적인 경험을 하게 하는 것이 중요하다. 아이의 발달 수준을 고려하여 적합한 활동을 하며 아이 스스로 경험을 하게 해주는 것이 중요하다.

모든 아이가 똑같은 발달 순서로 발달하지 않는다. 발달하는 데 있어서 순서의 혼란은 아이마다 제각기 다를 수도 있다는 것이다. 아이의 개인차에 따라서 개인의 독특함을 나타내기도 한다. 아이의 인지 부분과 언어, 사회성과 정서는 따로 분리되어서 발달하지 않는다. 아이의 발달 영역은 함께 골고루 동시에 발달한다는 것이다. 아이의 발달은 영역을 나누고 개별적으로 발달하는 것이 아니고 동시에 종합적으로 발달하는 점이다.

아이의 민감성을 엄마가 알아주는 것이 애착 형성의 비결이다. 아이와의 애착은 입혀주고, 먹여주고, 재워주는 것만으로는 형성되는 것이 아니다. 아이에 대한 지지와 위로, 아이가 뭔가 필요로 할 때 이를 재빨리 알아채고 반응하는 부모의 민감성이 절대적으로 필요하다.

또한, 안정감과 따뜻함을 주는 양육 태도가 필요하다. 만 2세 이전에는 위험하거나 공격적이거나 무리한 것이 아니라면 아이의 뜻을 들어주고, 최대한 신체 접촉을 많이 해주는 것이 좋다고 한다. 안정적인 애착 형성을 위해서 아이의 행동을 좋은 말로 포장해주어야 한다. 예를 들면 긍정의 말투로 "와, 엄마를 도와주다니 정말 착하구나."라고 좋은 말로 포장해주어야 한다. 좋은 말과 함께 따뜻한 마음을 보여야 한다. 착하다는 말을 아이에게 할 때는 다정한 손길, 가까이 다가가기, 부드러운 목소리, 다정한 눈빛으로 함께 해야 한다. 엄마의 부정적인 경험을 버리고 긍정적인 경험을 쌓아 안정된 애착을 형성해야 한다.

동화작가 댄 그린버그(Dan Greenburg)는 비교가 우리 삶에 미치는 영향에 대해 이렇게 말했다. "비교는 당할수록 사람을 더욱 불행하게 만든다. 내 아이가 정말 불행하기를 바란다면 주변에 괜찮은 아이, 장점이 많은 형제와 비교를 해줘라." 비교라는 늪에 빠져 내 아이를 불행하게 만들면 안 된다. 자녀에게 휘말리지 않고 침착하게 대처하는 방법은 어떤 상황에서도 기분 나쁘게 받아들이지 않는 것, 평상심과 침착함을 유지하는 것, 자녀가 하는 말을 잘 들어주되 자녀가 걸어오는 싸움에는 맞서지 말

것, 자녀가 물어봤을 때만 자녀에게 도움이 될 만한 조언을 해줄 것, 자녀에게 이래라저래라 간섭하지 않는 것이다.

부모가 만약 아이를 비교하는 습관이 있다면 고쳐야 한다. 비교하는 습관을 고치는 부모 훈련을 해야 하는데 아이를 있는 그대로 받아들여야 한다. 비교는 아이 안에서 잘하는 것과 못하는 것으로 얘기해야 한다 그러면 아이는 비교하더라도 상처받지 않게 된다. 다른 아이와 비교하지 않으려면 아이가 못하는 것의 의미를 축소해야 한다. 아이가 잘 못한 것은 의미를 최대한 축소하고 거의 말하지 않아야 한다. 아이가 잘하는 것은 좀 더 과장해서 말해주어야 한다. 그렇게 되면 장점이 더욱더 주목받고 잘하게 된다.

아이의 마음 진심으로 끌어 안아주기

그리스 신화에 등장하는 '프로크루스테스의 침대(Procrustean bed)' 이야기를 보면 프로크루스테스는 그리스 신화에 나오는 인물로, 힘이 엄청나게 센 거인이자 노상강도였다. 그는 아테네 교외의 언덕에 살면서 길을 지나가는 나그네를 상대로 강도질을 일삼았다. 특히 그의 집에는 철로 만든 침대가 있었는데, 프로크루스테스는 나그네를 붙잡아 자신의 침대에 눕혀놓고 나그네의 키가 침대보다 길면 그만큼 잘라내고, 나그네의 키가 침대보다 짧으면 억지로 침대 길이에 맞추어 늘여서 죽였다고 한다.

그러나 그의 침대에는 침대의 길이를 조절하는 보이지 않는 장치가 있어, 그 어떤 나그네도 침대의 길이에 딱 들어맞을 수 없었고 결국 모두 죽음을 맞을 수밖에 없었다. 이 끔찍한 이야기는, 인생의 중요한 선택이 상황에 의해 강요될 경우 우리가 처할 수 있는 난관을 상징한다.

자존감은 '난 참 괜찮은 사람이다.'라고 생각하게 하는 것으로 아이가 일관된 훈육을 받고 밖에서도 예의 바르게 행동할 줄 알고 타인을 배려할 수 있을 때 건강한 자존감을 형성할 수 있게 된다. 아이의 자존감을 다치게 하지 않으면서 훈육을 하려면 훈육에 대한 지침을 분명하게 만들어야 한다. 예를 들면 '남을 때리면 안 된다', '욕을 하면 안 된다'처럼 아이가 수긍할 수 있는 지침을 미리 알려주어야 한다. 아이와 일상생활 속에서 신뢰와 애착을 형성함으로써 아이의 문제가 되는 행동의 비중을 줄여나가야 한다. 아이는 자신이 좋아하는 사람과는 좋은 관계를 유지하고 싶어서 어긋난 행동을 하지 않으려고 노력하게 된다.

아이의 사회성을 바르게 교육해주는 방법에 대해 알아보면 아이는 아직 미숙해서 자신의 감정이나 주장을 격하게 표현하는 경우가 있다. 적절하게 자기 주장하는 능력을 키워주어야 한다. 또한, 역지사지의 정신을 가르쳐주어야 한다. 역지사지란 처지를 바꿔서 생각한다는 뜻이다. 지속적인 훈련이 필요한 부분이다. 아이에게 공감 능력을 키워주어야 한다.

아이가 엄마에게 표현하는 감정이 이해가 안 되더라도 일단 수긍하고 인정하는 모습을 보여주어야 한다. 또한, 타협하고 조율하는 능력을 가르쳐주어야 한다. 또래 친구와 놀다가 싸움이 일어날 수도 있고 의견이 달라서 대립할 수도 있게 된다. 엄마가 아이 뒤를 매번 쫓아다니며 해결해줄 수 없다. 아이 스스로 문제를 해결할 수 있게 타협하고 조율하는 능력을 가르쳐주어야 한다. 좋은 엄마, 아빠가 되려면 공부를 해야 한다. 좋은 엄마, 아빠는 타고난 것이 아니라 아이를 양육하면서 배워 나가는 것이다. 어떻게 하면 좋은 엄마, 아빠가 될 수 있을지 생각하며 마음가짐을 다져야 한다.

공부와 마음은 뗄 수 없는 관계다. 공부를 열심히 하는 아이들은 자존감이 강하며 감정 조절 능력이 뛰어나다. 그리고 동기가 건강하다. 스스로 자존감이 높아서 하고자 하는 의욕이 강하다. 자기가 해야 할 일, 하고 싶은 일, 하고 싶은 데 지금 할 수 없는 일들을 조절할 줄 안다. 의욕적으로 열심히 공부하는 아이는 스스로 세운 내적인 동기로 의욕적으로 공부를 한다.

인성도 공부도 아이의 마음을 읽어주는 것부터 우선시되어야 한다. 부모들이 아이에게 좋은 공부 환경을 만들어 주고 경제적으로 부족하지 않게 해주려고 한다. 또한, 아이에게 많은 정보와 필요한 정보를 얻기 위해 노력한다. 그렇지만 더 중요한 부모의 역할은 '아이의 마음을 읽어주는 것'이다. 엄마는 넓은 마음으로 아이의 마음을 들여다보고 아이의 마음을 진심으로 끌어안아 주는 부모가 되어야 한다.

세상에 완벽하지 않은 엄마는 없다

다른 사람들에게 변하기를 바라는 것과 마찬가지로 자신을 변화시켜라.
- 마하트마 간디 -

아이가 독립적으로 성장하는 훈육 방법

엄마가 아이에게 좋은 양육 환경을 만들어 주려면 아이를 행복하게 키우려는 마음가짐이 필요하다. 아이와 함께 있는 시간 동안 아이에게 편안함과 행복감을 줄 수 있어야 한다. 엄마는 아이와 애착 관계를 형성하고 아이의 자아존중감을 형성해주며 엄마 자신도 육아에 필요한 지식, 기술, 경험을 습득해야 한다.

애착 형성은 아이와 엄마가 자연스럽게 형성하는 본능적인 과정이다. 정상적인 엄마와 아이 관계는 자연스럽게 애착이 안정적으로 형성된다.

아이는 태어나면서부터 엄마와 애착을 형성하기 위해 끊임없이 노력한다고 한다. 아이 양육은 아이가 하는 것을 부모가 가만히 지켜보는 것으로 시작된다.

아이가 기어 다니고 아장아장 걸어 다닐 때 부모가 나서서 길을 열어주려고 하기보다 한 걸음 물러서서 아이를 지켜봐주는 자세가 필요하다. 아이가 정상적인 사람으로 성장하기 위해서는 많은 시행착오를 겪어야 한다. 부모 또한 진정한 부모가 되려면 인내심과 믿음을 가지고 아이를 기다려주는 지혜가 필요하다. 엄마가 아이 앞에서 약해지지 않으려면 항상 공부해야 한다. 육아에 대한 고민이 생기면 아이를 도와주는 방법을 찾아봐야 한다. 내 아이를 도와주려고 하는 것은 아이가 독립적으로 성장할 수 있게 하기 위해서이다.

분노하고 화가 난 아이를 도대체 어떻게 진정시켜야 할지 모르는 상황이 발생할 수 있다. 아이 양육 과정에서 엄마가 마주칠 수 있는 끔찍한 순간들이다. 하지만 앞의 상황은 아이를 양육하는 과정에서 통합과 성장의 기회라는 사실을 알아야 한다. 아이가 자제력을 잃었다고 생각하는 순간을 자기 제어의 계기로 삼아야 한다. 엄마는 아이에게 해가 되는 일을 하지 말아야 한다. 후회할 말을 하지 말고, 손을 등 뒤에 두어 물리적 접촉을 차단해야 한다. 아이를 보호해야 한다. 또한, 아이와의 상황에서 멀리 떨어져 마음을 가라앉혀야 한다.

휴식을 취하는 것으로 생각해야 한다. 아이에게 엄마가 마음을 가라앉힐 시간이 필요하다고 말하면 아이는 거부당했다고 여기지 않는다. 엄마가 잃어버린 통제력을 되찾을 방법을 찾는 것이 좋다. 엄마 스스로 빨리 평소 상태를 회복해야 한다. 마음이 가라앉고 통제할 수 있다고 느껴진다면 아이와 즉시 교감해야 한다. 서로의 감정이나 관계에서 상처 난 부분을 처리해야 한다. 아이에게는 아이의 행동을 용서한다는 뜻을 표현해주어야 하고 엄마의 행동에 대해서도 사과하고 책임을 받아들이는 태도를 보여주어야 한다. 아이와의 교감을 빨리 회복할수록 감정적인 균형을 되찾고 아이와의 관계를 즐겁게 유지하게 되는 시기가 앞당겨진다.

훈육의 필요성은 아이가 잘못했을 때에만 야단치는 것이 아니고, 평상시에 아이에게 아무 문제가 없을 때도 필요하다. 사람이 마땅히 지켜야 할 도리를 설명해줘야 하고 가르쳐주는 것에서부터 아이에 대한 훈육이 시작된다. 훈육이란 아이를 얌전하게 키우기 위한 것이 아니라 아이의 품성이나 도덕을 가르쳐야 할 부모의 의무이다.

아이가 습관적으로 떼를 쓴다면 엄마는 절대 안 되는 일과 되는 일을 구분해서 공식화해야 한다. 아이가 좋은 행동을 하면 칭찬을 아끼지 말고 격려해야 하며, 아이가 안 되는 행동을 하면 즉각 제지하며 절대 허용할 수 없다는 원칙을 세워야 한다. 아이 앞에서 단호하게 선언해서 떼를 써도 안 통하는 경험을 가르쳐야 한다. 이러한 상황이 여러 번 반복되면 아이는 되는 일과 안 되는 일을 구분할 수 있게 된다. 아이에게 원칙을 세워주고 이야기를 해줘도 똑같은 패턴이 반복되는 상황이 발생할 수 있게 된다. 이럴 때는 요점만 간단히 다시 설명해주어야 한다. 엄마가 길게 얘기해봤자 아이의 집중력은 짧으므로 소용없다. 아이에게 부모의 긍정적인 피드백이 더해지면 아이는 다음의 행동은 점점 좋은 방향으로 변해가게 된다.

아이를 훈육을 할 때는 명확한 기준이 있어야 한다. 아이에게 미리 약속을 정해야 한다.

훈육이라고 해서 무조건 야단만 치면 안 된다. 아이가 떼를 쓰고 날뛸 때면 엄마는 아이를 마주 보고 꼭 끌어안아주어야 한다. 아이도 진정시키고 엄마도 진정하면서 아이가 마음을 가라앉히고 다스릴 때까지 기다려주어야 한다. 아이가 진정되면 칭찬해주어야 한다. 훈육은 엄마도 감정을 진정시킨 후에 해야 한다.

아이를 훈육할 때 엄마가 같이 흥분하게 되면 목소리가 커진 상태에서 화를 내면 아이는 엄마의 화난 모습에만 집중하게 된다. 또한, 충동적으로 훈육하면 안 된다. 엄마가 충동적으로 훈육을 하게 되면 감정에 치우쳐 쓸데없는 얘기도 하게 되어 권위가 떨어지게 된다. 미리 사전에 할 말을 생각한 후에 훈육해야 한다. 아이의 기질에 맞게 훈육하는 것도 필요하다.

세상에 완벽한 엄마는 없다

가족이라는 울타리는 아이가 태어나서 처음 경험하는 가장 중요한 사회 공동체이다. 아이가 가족 안에서 소속감을 느끼게 해주려면 아이를 가족의 일에 참여시키고 협력하게 함으로써 아이가 가족의 일원이라고 느끼게 해주어야 한다. 아이는 미성숙한 상태로 태어난다. 아이는 완전한 단계로 나아가려는 근본적인 욕구가 있다. 아이는 새로운 것을 시도하다가 자신의 미숙함이 드러날까 봐 열등감과 두려움을 갖게 된다.

이럴 때 부모에게 격려를 받지 못하면 의욕이 떨어져 새로운 도전을 피하게 될 수도 있다. 엄마는 아이가 실패할 때 벌을 주거나 사기를 떨어뜨리거나 무시하는 말을 하면 안 된다. 아이에게 격려해주며 용기를 북돋아 주어야 한다.

가족 간의 놀이는 아이의 관심사보다 가족 전체를 배려하고 관심을 두게 되며, 아이는 협동심과 가족과 보내는 시간에 대한 흥미가 생기게 된다. 아이를 자발적으로 변화하게 만들어주려면 부모가 리더십을 보여주어야 한다. 다정하면서 엄격함을 보여주면 좋다. 아이의 행동에 대해 명확하고 합리적인 기대치와 허용치를 정해야 한다. 아이는 부모가 정해놓은 지침에 따르도록 배려하는 태도로 꾸준히 가르쳐주고 이끌어주어야 한다. 아이에게 언성을 높이거나 화를 내지 않을 때 더 효과적으로 훈육할 수 있다.

아이가 관심을 끌려는 과도한 행동을 한다면 엄마는 아이가 어떤 행동을 신경 쓰거나 걱정하고 있는지를 살펴봐야 한다. 그리고 아이의 과도한 행동에 대한 가장 좋은 대응은 아이의 그러한 행동을 무시하는 것이다.

아이가 엄마와 힘겨루기로 이기려 드는 행동을 할 때가 있다. 힘겨루기를 하는 아이를 보면서 엄마는 화가 나고, 아이에 의해 도전을 받고 굴욕당하고 있다는 생각이 들기도 한다. 아이의 힘겨루기에 엄마가 반응하면 아이는 하던 행동을 멈추지 않는다. 아이는 엄마의 억압에 눌리지 않으려고 더 화나게 할 수도 있다. 이런 상황에서는 엄마가 아이와 싸우는 것을 멈춰야 한다. 억압하는 방법보다는 아이의 협력을 얻어내고 아이가 자신의 삶에 대한 권한을 갖도록 엄마가 도와주어야 한다.

아이의 짜증을 미리 방지하는 방법은 말을 할 때 명령형이 아닌 의문형으로 던져주는 것이다. 그리고 "안 돼."라는 말은 될 수 있는 대로 지양해야 한다. 아이는 "안 돼."라는 말을 많이 듣게 된다. "안 돼.", "하지 마.", "만지지 마.", "뛰지 마.", "때리지마." 등 부정적인 메시지보다는 엄마의 언어를 긍정적인 언어로 바꾸는 게 좋다. 아이가 떼를 쓸 때 엄마는 진심으로 아이에게 부탁해봐야 한다. 아이가 엄마의 관심을 끌려고 더 떼를 쓰는 경우 그냥 무시해야 한다.

아이가 소리를 지르며 떼쓰기 시작하면 엄마는 아무것도 안 들리는 척

해야 한다. 화를 내는 것은 금물이다. 아이가 떼를 쓰다가 지치게 될 때 눈치를 살피다가 바람직한 태도를 보이게 되는 순간을 포착해야 한다. 그 순간에 엄마는 얼마나 기쁜지를 표현해주어야 한다. 아이가 자신이 원하는 것을 스스로 해결할 수 있도록 차근차근 훈련해야 한다. 때로는 백 마디 말보다 아이를 향한 엄마의 포옹 한 번이 더 효과적일 수 있다. 세상에 완벽한 엄마는 없다.

이 럴 땐 이 렇 게 , 육 아 필 살 기 !

아이가 또래와 잘 어울리지 못하고 수줍어 할 때 잘 놀 수 있게 도와주는 방법!

부모와의 안정적인 관계 형성은 친구를 사귈 때 자신감을 준다. 부모와 친밀한 관계가 잘 형성되었는지 살펴보고 아이를 따뜻하게 대해주고 관심과 사랑을 보여주어야 한다. 다른 아이들과 어울리는 사회적 기술은 경험을 통해 발달할 수 있기에, 두세 명 정도의 집단에서 정기적으로 놀이를 할 수 있는 시간을 만들어주는 것이 도움이 된다.

아이들과 자연스럽게 어울릴 수 있는 경험을 갖게 하거나, 친구 사귀기에 관한 책을 읽어 주어 간접적으로 사회적 기술을 알아갈 수 있도록 돕는 것도 좋다. 아이가 자신감을 가질 수 있도록 자주 칭찬하고 격려하는 것도 도움이 된다.

출처 : 『EBS육아대백과 심리발달 편』, 김영진, 미래엔 출판사

현명한 엄마는 아이의 마음을 먼저 살핀다

모든 일의 기본은 바로 인내심이다. 병아리를 얻기 위해선 알이 부화될 때까지
기다려야지 알을 부순다고 해서 되는 일이 아니다.
- 앨런 글래스고 -

아이를 칭찬하는 방법

아이가 개인으로서 엄마와의 접촉을 유지하면서 공동체에 참여하는 구성원이 되도록 도와주는 일은 모든 부모에게 어려운 과제이다. 행복의 성취감은 개인 고유의 정체성을 지키면서 다른 사람들과 교감하는 데서 온다.

아이가 맺는 사람들과의 관계는 다른 사람의 감정, 관점의 인식, 바람, 공감에 달려 있다. 부모들이 아이의 감정과 욕구를 파악하고 민감하게 반응하고 반복적이고 예상 가능한 경험을 제공할 때 정서적 · 신체적 · 사회적으로 뛰어나게 될 뿐만 아니라 학업에서도 성공적인 양상을 보인다고 한다.

김경일의 『지혜의 심리학』에는 칭찬은 3가지라고 소개되어 있다. 칭찬이 좋다는 말은 누구나 알지만, 그 타깃이 잘못되면 좋은 칭찬이 될 수 없다.

첫째, 재능이 아닌 노력을 칭찬해야 한다. 아이에게 '너 똑똑하다.'라고 재능을 칭찬한다고 하자. 만약 아이가 시험에서 낮은 점수를 받으면 '내 IQ가 낮아서야.'라며 대수롭지 않게 생각할 것이다. 반면 노력을 칭찬한 아이는 성적이 안 나와도 좌절하지 않고 더욱 노력한다.

둘째, 사건이나 결과가 아닌 인격 자체를 칭찬해야 한다. '잘했어.'라는 말보다 '경일아 잘했어.'라는 말이 훨씬 좋게 들리며 동기 부여가 된다. 왜일까?

인격을 칭찬하면 그 사람이 나에게 호감을 자지고 있으면서 긍정적 평가를 하는 것으로 우리는 생각하기 때문이다. 그 반대를 생각하면 이유가 간단해진다. 사람들은 싫어하는 사람의 성공은 그 칭찬에 인격을 포함하지 않지 않은가. 예를 들어 싫어하는 사람이 프로젝트 리더였다면 '프로젝트가 성공했다.'라고 말한다. 하지만 좋아하는 사람이 리더였다면 'ㅇㅇ이 프로젝트에 성공했다.'라고 말한다. 그러니 인격에 칭찬해야 한다.

셋째, 의도적인 행동이 아니라 무의식적인 행동, 즉 반사적인 행동에 주목하고 칭찬을 해야 한다. 사람들은 자신이 한 행동에 칭찬을 받게 되면 자연스럽게 그 칭찬 받은 행동의 원인에 대해 궁금해진다. 그런데 내가 매우 계산적이고 의도가 있는 행동을 했을 때 칭찬을 받게 되면 결국 자신의 가증스러운 모습을 확인하게 된다.

예를 들어 '내가 착해서 이 행동을 한 것인지 아니면, 칭찬을 받기 위해 그 행동을 했는지.'를 헷갈린다는 것이다. 하지만 자신의 무의식적이고 반사적인 행동을 바로 칭찬하면 사람들은 훨씬 더 스스럼없이 '나는 좋은 사람이구나.'라는 생각을 하게 된다. 그러니 좋은 행동의 가능성도 커진다. 특히 아이들을 칭찬할 때는 굉장히 중요한 대목이다.

아이가 책을 읽을 때 많은 엄마가 '다독'을 중요하게 여기는 경향이 있다. 그렇지만 아이가 한 권을 여러 번 읽든, 여러 권의 책을 읽든 아이가 즐거워만 하면 문제 삼을 필요는 없다고 한다. 같은 책이라도 아이가 좋아한다면 아이의 상상력을 키우기 위해서 여러 번 읽고 또 읽어주는 게 좋다.

아이가 부모의 싸움을 목격하게 되면 아이는 상처를 입는다. 하지만 아이들은 부모가 서로 다정한 모습을 보였을 때만큼이나 다툼 뒤 문제가 해결된 상황에서 똑같이 안정감을 느낀다고 한다. 아이는 부모가 갈등이

해소되는 순간에 교훈을 배운다.

부모의 다툼은 아이에게 타협과 화해의 방법을 보여준다. 부모의 다툼을 목격하지 못하게 한다면 아이는 결코 얻을 수 없는 교훈이다. 아이는 거부당하거나 벌을 받을까 봐 두려워하는 아이가 아니라, 많은 경험과 실패를 통해 깨닫고 배우는 게 좋다. 부모는 협력적이고 사려 깊은 아이로 키우는 것을 지향해야 한다.

아이가 울 때 무조건 울지 말라고 달래거나 다그치면 안 된다. 또한, 아이에게 부정적인 감정을 느끼지 말라고 가르쳐도 안 된다. 아이는 마음에 상처를 입게 되는 경우나, 슬프거나, 실망하거나, 좌절하거나, 실패할 때마다 자신에게 문제가 있다고 생각하게 될 수도 있다. 엄마는 아이가 기분이 나빴다가 좋아질 수도 있고, 마음이 어두웠다가 밝아질 수도 있는 정상적인 감정의 변화를 경험하도록 적극적으로 도와주어야 한다. 아이의 의견을 무시하는 말투로 대응하면 안 된다. 그리고 적극적으로 경청해주고 아이가 감정을 마음껏 느끼도록 이끌어주어야 한다. 또한, 자신의 솔직한 감정을 말로 드러내도록 유도해야 한다.

현명한 엄마가 아이의 마음을 먼저 살핀다

아이가 성장 단계에서 세 살 정도 되었을 때 짜증 내는 것이 가장 심하다고 한다. 이유는 아이가 의사소통과 감정 조절을 배우는 단계에 있기 때문이다. 자신의 수준보다 무리해서 문제 해결 능력을 습득하려고 애쓰지만, 한계에 부딪히게 되고, 그러한 상황이 아이에게는 짜증이 나는 것이다. 아이가 짜증을 내기 시작하면 부모는 조용히 있는 것이 좋으며, 아이가 짜증 내는 단계가 지나가도록 그냥 내버려두는 게 좋다.

엄마가 아이의 기분에 따라 원칙을 바꾸면 아이는 자기 마음대로 짜증을 부린다. 원칙을 바꾸거나 양보하면 안 된다. 아이가 짜증을 내다가 기분이 조금 나아져 엄마에게 다가오면 엄마는 재빨리 아이에게 눈높이를 맞춰주고 적극적으로 경청해주며, 사랑의 손길로 토닥여 주며 아이의 감정을 알아주어야 한다. 아이는 엄마가 자기의 감정을 이해해주고 공감해준다는 것을 알게 되어 정서적으로 안정감을 느끼게 된다.

아이가 부모를 미치게 하는 행동을 할 때가 있다. 자지러질 듯 떼를 쓰면서 장난감이나 물건을 사달라고 할 때이다. 아이를 대형할인점에 데리고 갔는데 이것저것 사달라고 할 때 아이에게 윽박지르거나 억압하거나 깎아내리는 말을 하지 말고 소원목록을 만들어서 열거해보도록 하면 된다. 소원목록은 아이의 소원을 적어놓은 글이다. 일종의 격려하는 방법이다. 이후에 약속을 정해서 생일이나 어린이날 크리스마스 때 사주겠다고 약속을 정하는 방법도 있다.

엄마가 언제 무엇을 사줄 것인지를 아이가 명확하게 알게 된다면 장난감을 사달라는 요청을 거절당했을 때 쉽게 받아들일 수 있게 된다. 아이가 스스로 무엇을 기대하고 있는지 알도록 분명하게 말해주어야 한다. 엄마는 명확하고 일관성 있게 행동해주어야 한다. 예를 들면 "백화점에 다 같이 갈 거야. 그렇지만 오늘은 너의 물건을 아무것도 사지 않을 거야. 오늘은 장난감 사는 날이 아니야."라고 말하고 나서 일관성 있게 사주지 않아야 한다. 엄격하면서 다정한 태도를 유지하는 게 중요하다.

아이가 거짓말을 하는 경우 아이를 계속 궁지에 몰아넣으면 안 된다. 아이가 거짓말을 한 경우는 어려운 상황을 모면해보려다가 자기도 모르게 하는 경우가 대부분이다. 아이가 거짓말을 할 수밖에 없는 상황으로 내몰면 안 된다. 아이가 실수로 그릇을 깨뜨렸다고 말할 때 엄마는 화내면 안 된다. 차분하게 아이한테 솔직하게 말해줘서 고맙다고 말해주어야 한다. 아이에게 벌을 주지 말고 문제 해결법을 알려주어야 한다.

가짜로 이야기를 지어내는 아이에게는 자존감을 느끼고 불안해하지 않도록 긍정적인 방법을 모색해주어야 한다. 자신의 장점과 강점으로 친구의 관심을 끌 수 있다는 것을 깨닫고 장점과 감정을 좋은 방향으로 사용하도록 도와주어야 한다. 아이가 자신감이나 용기가 부족할 때 엄마를 속이려고 한다면 노력을 통해 인생의 목표를 이루어야 한다는 것을 아이가 깨닫도록 해주어야 한다. 또한, 아이의 말을 적극적으로 경청해주어야 한다. 엄마를 속이고 거짓말 행위는 나쁘다는 것인 인지시켜주어야 한다.

격려를 통해 아이의 용기를 북돋아 주어야 한다. "너는 이미 충분히 사랑받고 있단다."라는 말로 격려를 받을 때 아이는 부모가 성과가 아닌 노력에 주목한다는 것을 알게 되고 안심하며, 아이의 능력이 향상되는 과정에서 의욕과 성취감을 얻게 된다. 현명한 엄마가 아이의 마음을 먼저 살피게 되는 경우이다.

이 럴 땐 이 렇 게 , 육 아 필 살 기 !

끝없는 아이의 질문, 어디까지 대답해야 할까요?

아이의 끝없는 질문에 대답하기가 너무 힘들다. 일어나면서부터 질문을 시작해 끝없이 질문하는 데 대부분 설명을 해주려고 노력하지만 지친다면… 어느 선까지 대답을 해줘야 할까요?

아이들은 주변에 대한 호기심과 많은 궁금증을 가지고 질문을 한다. 아이의 질문에 대한 부모의 태도는 아이의 지적 능력에 큰 영향을 준다. 부모가 관심을 가지고 반응을 해주면 아이의 두뇌 활동이 더욱 활발해져 지적 수준이 높아질 수 있다.

부모의 지식으로 해결되지 않는 질문이 있다면 아이에게 어떻게 생각하는지 물어보고, 책이나 다른 자료를 함께 찾아보는 것이 좋다. 예를 들어 아이의 질문에 대해 "그게 궁금했구나. 우리 ㅇㅇ는 어떻게 생각했어?"라고 되묻고, 아이의 답변을 들은 뒤 함께 답을 찾아본다. 이를 통해 아이는 스스로 생각하는 능력을 기를 수 있으며, 지식을 탐구하고 찾아가는 방법을 익히게 된다.

출처 : 『EBS육아대백과 심리발달 편』, 김영진, 미래엔 출판사

엄마도 아이도 상처받지 않는 행복한 육아를 하라

당신의 자녀가 잘되기를 바란다면, 지금보다 두 배의 시간을 자녀와 함께
보내며 지금의 절반 정도의 돈만 투자하라.
- 애비게일 밴 뷰런 -

마음에 박힌 못 하나

엄마의 불안은 아이에게도 전해진다. 아기에게 엄마는 생존을 좌우하는 사람이다. 아기는 태어나는 순간부터 엄마와의 유대관계를 통해 본능적으로 엄마의 영향이 절대적이다. 엄마는 검증되지 않은 육아 정보를 무턱대고 믿거나 따라 하지 않도록 경계해야 한다. 엄마의 불안한 마음은 아이가 자기 특성과 기질, 속도를 가지고 편안히 자랄 수 없게 만들 수도 있다.

육아책이나 시중에 나와 있는 정보는 정보일 뿐 개월별, 나이별 발달과제는 지침일 뿐이다. 이러한 지침에 내 아이를 비교하고 끼워 맞추려고 하며 안된다. 나를 남과 비교하며 자괴감을 느끼면 안 된다. 아이를 남과 비교하는 경우는 엄마 자신의 낮은 자존감과 열등감이 원인인 경우가 많다고 한다. 나와 타인, 내 아이와 다른 아이를 비교하지 않으려면 자기만의 중심과 철학과 소신이 있어야 한다.

아이가 성장해갈수록 부모는 자신을 뒤돌아볼 필요성이 있다. 부모는 아이 키우기가 힘든 것이 '아이' 때문이라고 말하지만, 자신의 문제 때문이라는 것을 간과하면 안 된다. 부모 자신이 상처가 많은 사람일수록 아이에게 집착하는 경향이 있다. 아이가 유아기일 때에는 부모의 집착으로 인해서 갈등이 크게 일어나지 않지만, 아이가 사춘기가 되면 갈등이 깊어질 확률이 높아진다.

부모는 아이에게 집착하기보다는 자신의 상처를 뒤돌아보고 치유하는 데 집중해야 한다. 부모가 스스로 단단해져야 자신에게 자부심을 느끼게 되고 소신이 가질 수 있게 된다. 자기 내면을 들여다보고 자존감이 높아야 아이의 양육을 건강하게 할 수 있게 된다.

곽금주의 『마음에 박힌 못 하나』에 따르면, 기본적으로 우리는 모두 다른 사람들로부터 인정받기를 원한다. 그러나 가장 중요한 것은 내가 나를 인정하는 것이다. 누군가가 인정해주지 않아도 우리는 스스로를 계속해서 인정해줄 수 있다. 스스로가 인정할 만한 행동이나 말을 했을 때, 주저하지 말고 스스로를 칭찬하고 격려해야 한다.

상대방이 나를 이해해주지 않을 때 화부터 내기 십상이지만, 이럴 때일수록 잠시 멈추고 천천히 숨을 내쉬어보자. 그리고 스스로에게 말을 걸어보자. 괜찮아, 다른 사람들이 어떻게 생각하든 내 기분을 망가뜨릴 수 없어. 우습게 들리는가? 하지만 이런 한마디만으로 우리 기분은 획기적으로 반전될 수 있다.

아이들은 부모의 경험과 함께 살아간다. 엄마의 경험을 통해서 살아간다는 사실을 아는 것은 강력한 통찰의 힘이다. 이렇게 안다는 것은 기쁨과 고통을 동반한다. 부모 자신의 인생 이야기를 이해하기 시작하고 동기를 부여해 이해를 촉진하게 된다. 부모는 아이의 욕구와 신호에 맞추어 행동하게 된다, 더불어 안정적인 애착 관계와 건강한 관계를 형성하게 된다. 이상적이지 못한 어린 시절을 경험한 부모들도 일관성 있고 따뜻한 가정에서 자란 부모처럼 효과적으로 아이를 양육할 수 있다. 사랑받는다고 느끼고 안정적으로 애착을 형성하는 아이를 기를 수 있다. 어린 시절의 경험은 운명이 아니다. 부모가 과거를 명확하게 인식함으로써 일관성 있는 이야기로 그런 위험요소에서 자신을 자유롭게 할 수 있게 되고, 애정 어린 양육과 아이와의 강한 애착 관계를 형성하며 아이를 향한 사랑을 실행하게 되는 것이다.

토니 험프리의 『자존감 심리학』에 보면 다음과 같은 자녀와 부모가 건강한 가정의 특징이 소개된다.

– 조건 없는 사랑

– 자신과 안정된 관계에 있는 부모

– 부부간의 화합

– 소유를 전제로 하지 않는 따뜻함과 애정

– 판단하지 않는 태도

– 그림자 반응 때문에 위협받거나 깨지지 않는 가족 관계

– 다른 사람들과의 진실한 인간관계

– 독립심

– 창의성

– 사람과 행동을 분리해서 생각한다.

– 삶과 타인에 대한 사랑을 표현한다.

– 가족 구성원들 각자의 개인성, 고유함, 가치, 매력, 능력을 자주 확인한다.

– 서로를 받아들인다.

– 서로의 가치를 인정하고 존중한다.

– 장점과 약점을 인정한다.

– 서로의 삶에 관심을 가진다.

– 서로의 욕구에 적극적으로 귀를 기울인다.

– 노력을 격려하고 칭찬한다.

– 배움에 대한 사랑과 도전 정신을 기른다.

– 실수와 실패를 배움의 기회로 삼는다.

아이도 엄마도 상처받지 않는 행복한 육아로 가는 방법

아이는 삐치는 것을 통해서 엄마의 마음에 분노나 죄책감 같은 부정적인 감정을 유발해서 엄마에게 벌을 주려고 하는 것이다. 아이의 삐침은 침묵을 무기로 한 반항이다. 엄마는 아이에게 "안 돼."라고 분명하게 얘기하며 선을 그었지만 아이는 엄마가 정한 원칙을 받아들이지 못하는 경우이다. 이럴 경우 엄마는 아이가 진정 무엇 때문에 화가 났고 기분이 안 좋은지를 제대로 들여다봐야 한다.

대화로 아이의 마음의 문을 열어야 한다. 그리고 아이의 이야기를 적극적으로 경청해야 한다. 아이를 이해하기 위한 방편이다. 아이가 처한 상황을 고려해서 아이가 엄마에게 무엇을 전달하려고 하는지 해석해보는 방법이기도 하다. 엄마가 먼저 지쳐서 신경을 쓰거나 마음을 바꾸거나 보상해주면 안 된다.

엄마에 대한 공포감을 주지 않고 아이를 훈육하려면 낮은 목소리로 단호하게 "하지 마."라고 말해야 한다. 산만한 아이를 훈육하는 데 효과적인 방법은 '타임아웃'을 적절하게 이용하는 방법이다. 타임아웃이란 아이가 문제 행동을 일으켰을 때 일정 시간 동안 아이를 자극 없는 장소에 격리하여 아이의 행동을 수정하는 제재 방법이다.

아이를 양육하는 데 부모의 정체성이 확립되어 있지 않으면 자신은 물론 아이에 대한 문제들을 주도적으로 해결하지 못하게 되거나 의사 결정도 제대로 하지 못하게 될 수 있다. 독립적이지 못한 부모들의 경우는 우유부단한 성격일 가능성도 많다. 내가 아이의 부모라는 정체성과 책임감이 필요하다. 내 아이에 대한 정체성이란 아이의 문제를 해결할 상황이 생겨날 때 자신이 먼저 나서는 경우이다.

아이와 관련된 의사결정은 부모가 해야 한다는 말이다. 그렇게 되기 위해서는 부모가 나에 대한 정체성을 갖춰야 한다. 아이가 잘못된 행동을 보이면 보고서도 모른척하기보다는 부모가 함께 안 된다는 메시지를 강하고 단호하게 아이에게 알려주어야 한다. 아이의 양육에 대한 부부간의 원활한 소통이 이루어져야 아이도 건강하게 성장하게 된다.

아이와 함께 가족 규칙을 만들 때는 모든 가족에게 공평하게 해당하는 규칙을 만들어야 한다. 규칙은 엄마와 아빠, 아이가 모두 함께 참여하여 조율하며 만들어야 한다. 아이가 규칙을 잘 지키게 되면 칭찬 스티커 판을 만들어 칭찬 스티커를 붙여 약속한 개수가 모이면 적절한 보상을 약속해야 한다.

부모는 아이를 양육할 때 자신의 마음속에 있는 어린 시절의 상처로부터 분리해야 한다. 좋은 부모라면 힘든 과정을 통해서 자신이 가지고 있는 생각과 감정을 정리할 수 있어야 한다. 유년 시절에 경험한 상처의 원인을 찾아내어 극복하고 현재는 유년 시절의 어린아이가 아니라는 것을 깨닫게 되면, 과거에 얽매이지 않고 바람직한 양육을 할 수 있기 때문이다.

아이는 자신이 어떤 사람인지 모르고 자아상이 확립되어 있지 않다. 아이는 자신이 친밀하고 중요하게 여기는 사람을 자신의 자아상으로 만드는 경향이 있다. 아이는 부모가 만들어주는 모습을 통해 자존감을 만들어나간다. 부모와의 긍정적인 상호작용이 중요하다. 아이도 엄마도 상처받지 않는 행복한 육아로 가는 방법이다.

당신의 아이도 오늘 당장 바뀔 수 있다

좋은 책을 읽는 것은 과거에 살았던 최고의 위인들과 대화를 나누는 것과 같다.
- 데카르트 -

행복한 부모가 행복한 아이를 만든다

엄마는 자신의 아이가 부정적인 사고방식을 지니길 바라지 않는다. 엄마는 아이가 긍정적인 사고방식을 가지고 자기 능력을 믿으며 진취적으로 나아가기를 바란다. 자기도 모르게 아이에게 부정적인 자극을 계속 준 것은 엄마 자신의 부정적인 사고방식 때문이다. 자존감이 낮아져 있는 상태에서 자기 능력을 비하하고 많은 쓸데없는 걱정에 시간을 보내기도 한다. 시도해보지 않았으면서 부정적인 결과를 생각하고 예측하고 실행하기를 꺼린다.

바람직하지 않은 부모의 유형이다. 사고방식이 부정적인 부모라면 자신의 내면부터 긍정적으로 바꾸어야 한다. 부정적인 사고를 멈추고 긍정적인 사고방식도 서서히 노력해서 만들어주면 된다.

"하면 되지. 뭐가 걱정이야?"
"엄마는 네가 잘할 줄 알았어."
"엄마는 네가 자랑스러워."

이렇게 말한다면 아이는 조금씩 부정적인 생각을 버리고 긍정적인 사고방식을 지니게 될 것이다.

희망적인 생각과 긍정적인 생각은 아이에게 도전을 실행하게 한다. 엄마가 해야 할 일은 아이의 사고방식이 상처받지 않도록 아이의 능력을 한없이 믿어주는 방법이다. 행복한 부모가 행복한 아이를 만든다.

잉어는 어항에서 키우면 10cm 이상 자라지 않는다고 한다. 그런데 연못에서 키우면 30cm까지 자란다. 이것을 강물에서 키우면 1m까지 자란다고 한다. 잉어는 환경에 맞추어 자기 몸을 조절한다.

아이가 해야 할 일을 엄마가 대신해주다 보면 엄마는 아이의 하인처럼 되어, 아이는 점점 꾀를 부리게 된다. 엄마가 일관성 없이 아이의 일을 대신 해주거나 한다면 아이는 엄마가 왜 자신을 도와주는지 혼란스러워하게 될 수도 있다. 엄마가 일관성 있게 행동해야 아이에게 도움이 된다. 아이는 행동에 따른 결과에 대해서 무엇일지 예측하게 될 때 심리적인 안정감을 얻게 된다.

가드너는 사람에 따라 지능의 향상 속도에는 차이가 있다고 말한다. 이는 선천적인 두뇌의 능력에 차이가 있다기보다는 두뇌 계발 활동에 대한 흥미도나 적극성의 차이에서 기인한다. 이런 차이를 인정하되 각각의 아이를 비범하게 키우는 방법이 바로 강점지능을 살리는 교육이라는 것이다. 반면 아이의 강점지능을 무시하고, 똑같은 방법으로 다가갈 경우, 오히려 아이들은 학습에 흥미를 잃어버리기 쉽다. 더불어 강점지능마저도 제대로 발전시키지 못할 가능성이 크다고 한다,

서울대학교 교육학과 문용린 교수는 자기이해지능이 뛰어난 사람은 일관되고 지속적으로 자신이 원하는 일에 몰두할 수 있다고 말한다.

음악을 좋아하는 사람 중에서도 음악이 재미있어서 그냥 하는 사람이 있는 반면, 내가 왜 이 음악을 해야 하는지 그 이유를 생각하는 사람이 있다. 이렇게 생각하는 사람은 자신이 음악을 해야 하는 이유가 더 강하게 세워질 것이고, 고난이나 역경이 다가와도 절망하기보다는 일관되게 지속해서 몰두하게 될 수 있다.

알기만 하는 사람은 좋아하는 사람만 못하고, 좋아하는 사람은 즐기는 사람만 못하다.

성공하는 아이로 키우고 싶다면 아이가 스스로 자신이 나아갈 방향을 정하게 하고 노력하는 습관을 부모는 키워주어야 한다. 가장 좋은 방법은 일기를 통해 글을 쓰게 하는 것이다. 단순하게 하루 일과를 정리하는 것도 좋은 방법이지만, 아이 스스로 목표를 세우게 하고 그 목표를 위해 오늘은 무엇을 했는지 아쉬웠던 점은 무엇인지 등에 대해 적어보게 하는 게 좋은 방법이다. 아이는 일기를 통한 글쓰기를 통해 스스로 반성하며 노력하는 과정에서 성장하게 된다.

공자는 『논어』의 「옹야편」에서 "알기만 하는 사람은 좋아하는 사람만 못하고, 좋아하는 사람은 즐기는 사람만 못하다."라는 말을 남겼다. 진정한 성공을 위해서는 자신이 하는 일을 좋아하고 즐겨야 한다는 뜻이다.

아이의 양육에 있어 중요한 것은 아이가 스스로 즐기도록 도와주는 것이다. 아이마다 발달 시기가 다르므로 자신의 아이를 잘 체크하고 스스로 할 수 있도록 의욕을 북돋아주는 것이 중요하다. 아이들의 성장 발달에는 자신만의 시기가 있기 때문이다. 아이가 즐기고 좋아한다고 해도 부모가 개입해서 지나치게 시키는 것은 좋지 않다.

부모는 아이의 강점지능을 아는 것이 필요하다. 부모가 아이의 강점지능을 알고 있다면 아이의 육아와 교육을 계획할 때 더 구체적인 방향으로 나아갈 수 있다. 아이가 꿈을 정하지 못하고 방황한다면 아이는 자신의 강점에 대하여 모르고 약점이 무엇인지를 파악하고 있지 못하기 때문이다. 아이가 자신에 대한 강점을 정확히 알고 있다면 방황하지 않고 꿈을 정하기가 수월해진다.

또한, 자신의 강점지능을 알고 있는 아이는 자신감이 넘치고 자신에 대한 자존감도 높다. 자존감이 높은 아이는 스스로 자신의 길을 개척해 나갈 수 있는 에너지가 크다. 부모는 아이가 강점지능을 찾을 수 있도록 세심한 관찰이 필요하다. 항상 옆에서 지켜보고 생활하는 부모가 가장 정확하게 아이의 특성을 파악할 수 있기 때문이다.

피터 드러커 경영대학원 심리학과 교수인 미하이 칙센트미하이는 아이들의 능력 계발에 있어 호기심이 가장 중요하며, 아이들이 호기심을 갖는 분야에 몰입한다면 창의적인 사람이 될 수 있다고 말한다.

아이가 흥미를 보이는 대상을 정확히 파악해주어야 한다. 호기심은 확장을 통해 다양한 영역을 넘나들며 창의적인 성과물을 만들어낸다. 강점지능과 연관된 호기심은 끊임없는 탐구를 통해 창의적인 사고를 만들어 나가는 기반이 된다. 타고난 재능이 정해져 있다고 해도 끊임없는 훈련과 탐구는 아이의 능력을 더 키워주게 된다.

부모는 아이를 훈련을 통해 어느 정도까지는 끌어올려 줄 수 있다. 부모는 아이의 질문에 진지하게 귀를 기울여주고, 아이가 보이는 관심 영역에 대해 충분히 탐구할 수 있도록 적극적으로 지원해주어야 한다. 부모가 아이 스스로 자존감을 가질 수 있도록 도와주는 것이 중요하다.

내 아이에 대한 엄마의 지나친 집착이나 욕심은 아이의 사소한 능력 하나를 착각하여 잠재력이나 재능으로 잘못 평가하게 만들어 아이의 진로를 그르치게 할 수도 있다. 아이의 적성이나 잠재력을 제대로 파악하기 위해서는 순수하게 아이의 행동 하나하나를 잘 관찰하는 것이 무엇보다 중요하다. 강점지능은 재능이고 잠재능력이다. 다 같은 의미이다. 내 아이에게 숨어 있는 능력이 무엇인지 알기 위해서는 아이가 무엇에 호기심을 갖는지를 파악해야 한다.

유아기에는 부모의 도덕적 기준이 아이에게 그대로 전해진다. 아이의 행동에 대해 엄마가 혼을 냈다면 그것은 도덕적으로 나쁜 것으로 주입되고, 엄마가 칭찬했다면 그것은 착한 행동으로 기억된다. 아이는 부모가 자신에게 지시한 것이 좋은 행동인지 나쁜 행동인지 판단할 능력이 없다. 아이가 도덕성을 키워나가기 위해서는 용기와 의지가 필요하다. 올바른 도덕성에 대한 용기와 의지는 한 번에 생기는 것이 아니기 때문에 유아기 때부터 꾸준히 연습하고 훈련하고 다듬어져야 한다.

똑같은 잘못에 대해서 내 아이와 남의 아이를 다른 잣대로 구분하면 안 된다. 공정하지 못한 잣대를 들이대는 것은 엄마들이 자주 저지르게 되는 실수 중의 하나이다. 아이가 거짓말을 할 경우가 있다. 엄마는 과잉 반응을 하면 안 된다. 아이를 다그치게 되면 아이는 두려움과 무서움 때문에 다른 누군가에게 책임을 돌릴 수도 있다.

만 3세 아이는 상상과 현실을 잘 구분하지 못한다고 한다. 발달 과정 일부분이기 때문에 아이의 말을 거짓말로 받아들이면 안 된다. 엄마는 아이를 다그치고 혼낼 것이 아니라, 아이가 실수한 것에 깊이 공감해주고 그다음 아이가 저지른 행위에 대해서 뒷수습을 할 수 있게 이끌어주어야 한다. 이러한 방법을 통해 당신의 아이도 오늘 당장 바뀔 수 있다.

따뜻한 훈육은 엄마와 아이 모두를 변하게 한다

그 사람이 당신의 사랑을 받을 가치가 있는지를 묻기 전에 먼저 그를 사랑해야만 한다.
- 윌리엄 워즈워스 -

엄마도 아이도 상처받지 않는 행복한 육아

아이가 나이가 어리더라도 감정을 인정하고 감정에 이름을 붙이도록 엄마가 습관을 들여야 한다. 예를 들면 "슬퍼 보이는구나, 진짜로 아팠지?" 말하고 이야기를 시작해야 한다. 유아 때에는 엄마가 주로 말하는 사람이 될 것이다. 아이가 화났을 때는 아이의 감정을 반드시 인정해주어야 한다. 다음 단계는 되도록 아이의 몸을 빨리 움직이게 해야 한다. 아이와 몸싸움을 해도 좋고 따라 하기 놀이나 달리기 경주를 해도 좋다. 아이가 몸을 움직이면 마음도 바뀐다.

아이가 하자는 대로 따라서 놀아주면 효과적이다. 아이를 웃겨주고 안아주고 사랑해주어야 한다. 장난감을 가지고 쌓았다가 무너뜨리기도 하고 공원에서 산책도 같이하고 공을 굴리기도 하고 달리기도 해야 한다. 아이에게 집중하고 맞추어주는 모든 활동을 통해서 아이가 인간관계와 사랑이 무엇인지 긍정적인 기대를 품게 해주어야 한다. 아이가 화가 났을 때도 아이가 무엇에 화가 났는지 다정하게 들어주어야 한다. 아이를 안고 달래면서 의사소통을 하며 아이에게 들은 이야기를 되풀이해서 들려주어야 한다. 아이가 교감하고 난 뒤에 아이가 문제 해결과 적절한 행동에 주의를 기울일 수 있도록 도와주어야 한다.

감정은 오고 가는 것임을 아이에게 상기시켜 주어야 한다. 불만, 외로움, 두려움 등은 영원한 감정이 아니라 일시적인 상태라는 것을 알려주어야 한다. 격한 감정은 어린아이에게 불편하다. 아이들은 격한 감정이 일시적이라는 것을 모른다. 엄마는 아이가 화났을 때 위로해주면서, 감정은 왔다가 가버리는 것임을 가르쳐주어야 한다. 감정을 인정하는 것은 좋은 일이지만, 다시 행복해진다는 것을 깨닫게 되는 것도 좋은 일이라는 것을 아이에게 알려주어야 한다.

아이와 함께 내면세계에 관해 이야기해보는 시간이 있어야 한다. 아이들이 내부의 감각, 감정, 심상, 생각을 인식하고 이해하도록 도와야 한다. 아이가 자기 몸과 마음속에서 어떤 일이 일어나는지 알 수 있다는 사실을 이해시켜야 한다. 신체적인 감각, 마음속 형상, 감정, 심상, 생각에 대해서 의식하도록 유도하는 질문을 아이에게 해주어야 한다.

유아기의 아이는 움직이기를 좋아한다. 아이가 화가 났거나 속상해한다면 엄마가 아이의 기분을 알아준 다음 몸을 움직일만한 구실을 만들어 주어야 한다. 달리기도 하고 공놀이도 하고 산책도 하고 많은 놀이를 할 수 있다. 아이가 화난 이유를 말하는 동안 공을 주고받는 것도 좋은 방법이다. 아이가 몸을 움직이는 방법은 아이의 기분을 바꾸는 데 강력한 효과를 발휘한다.

아이를 훈육하는 데 있어서 명확한 경계를 긋는 것도 중요하지만 엄마는 필요 이상으로 "안 돼."라는 말을 많이 할 수도 있다. 아이가 화가 난 상태라면 엄마는 창의력을 발휘해야 한다. "태양아, 그런 식으로 하면 안 돼."라고 말하는 대신 "태양이가 그 문제를 다룰 수 있는 다른 방법은 뭘까?"라고 물어봐야 한다. 아이와의 힘겨루기를 피하는 방법에 좋은 말은 "엄마와 태양이가 둘 다 원하는 걸 얻을 방법을 생각해 낼 수 있겠니?"라는 질문이다.

아이에게 글자나 숫자를 알려주는데 진퇴양난의 상황을 가정한다면 "너라면 어떻게 할래?"라는 놀이를 해보는 것이 좋다. 아이에게 "네가 길을 가다가 정말 갖고 싶었던 인형을 주웠어. 그런데 그 인형이 주인이 있는 물건이라는 것을 알았다면 어떻게 할래?"라는 질문을 던져야 한다. 아이와 함께 책을 읽다가 내용의 결말이 어떻게 될지 아이가 예상해서 말해보게 하는 것도 좋은 방법이다. 아이가 어렵더라도 스스로 결정해보는 기회를 많이 마련해주는 것이 좋다. 양육 방식을 효과적으로 만드는 방법은 행동에 따르는 처벌이 아니라 아이의 직접 경험을 통한 학습이 제일 좋다.

아이 마음 읽기가 답이다

아이의 애착 형성을 돕기 위한 원칙은 아이의 요구에 민감하고 즉각적이고 일관성 있게 반응해야 한다. 부모는 마음과 몸을 다해 아이를 진정으로 사랑해야 한다. 아이와 신체접촉 놀이를 많이 해야 한다. 만 3살에서 6세 사이의 아이는 무엇이든 주는 대로 받아들일 준비가 되어 있다고 한다. 평생 올바른 사고를 갖게 하는 교육이 필요한 때이다. 타인의 정서를 이해하며 긍정적이면서 생산적인 방식으로 이를 표현하도록 가르쳐야 하며 자신의 의사만 주장하는 것이 아니라 남의 이야기에 대해서도 경청하고 귀담아듣는 연습을 시켜야 한다.

아이가 스스로 활동을 시도해보고 성공의 경험을 쌓게 함으로써 독립심, 자신감, 자기 주도성을 높이는 기회를 제공해야 한다고 한다. 아이는 다양한 정서를 표현하고 타인의 정서도 쉽게 인식한다. 항상 활력이 넘치고 잠시도 가만히 있지 못한다. 다양한 지식 정보를 입력하는 것에 중점을 두는 것이 아니라 종합적이고 다양한 사고를 할 수 있는 교육을 해야 한다고 전문가들은 조언한다.

올바른 생활 태도나 사고방식을 갖게 하는 도덕 교육과 예절 교육도 이 시기에 시켜야 한다. 타인과 함께 있는 장소에 가면 지켜야 할 규칙을 알려주고, 친구와 어울려 놀 때는 남을 배려하는 마음을 가르쳐주어야 한다. 긴 문장을 사용하기 시작하면 존댓말을 가르쳐주고 자동차에 본격적인 관심을 끌게 되면 교통질서도 가르쳐주어야 하는 시기이다.

피아제는 아동의 인지 발달을 4단계로 구분했다. 먼저 출생 후 2세까지는 감각운동기로, 감각 운동기관을 통해 세상을 탐색하며 대상 영속성의 개념이 나타난다. 2~7세의 전조작기는 사고기능이 발달하나 자기중심적인 특징을 보이며, 언어가 급속하게 발달한다. 7~11세의 구체적 조작기에는 논리적 사고력이 발달하지만, 그 사고 과정은 자신이 관찰한 실제 사실에만 한정된다. 11세 이후의 형식적 조작기에는 추상적 상징에 대해서 논리적으로 생각할 수 있고, 가설적 연역적 추론이 가능해진다고 밝혀져 있다.

아이를 가르치는 방법은 부모가 보여주는 것이나 아이가 하는 것을 따라가는 그것 중 하나다. 부모가 행동하지 않으면 아이는 절대 배우지 않는다. 아이는 억지로라도 움직이게 해야 한다. 일단 걷기부터라도 시작해야 한다. 걷기는 다리를 튼튼하게 해주고 뇌의 발달도 촉진한다. 남자아이와 여자아이는 최적의 학습법이 따로 있다고 한다. 남자아이는 체험위주의 학습이 적합하다. 가만히 앉아서 무언가를 배우는 것이 불가능한 시기이다. 체험을 할 기회를 많이 만들어 주어야 한다. 사물을 직접 만져보고 타보면서 배워가는 것이 좋다. 박물관, 동물원, 놀이동산, 식물원 등 체험 학습장을 자주 찾는 것이 바람직하다.

또한, 한글을 떼는 것은 취학 직전에 하는 것이 좋다. 남자아이의 두뇌 발달상 한글 교육은 최대한 느긋하게 하는 것이 좋다. 초등학교 입학하기 6개월 전이나 1년 정도부터 서서히 시작하는 것이 바람직하다. 아이가 잘못했을 경우 되도록 짧게 혼대고 타임아웃 방법을 활용하는 것이 좋다. 자아존중감이 발달하고 있는 때이므로 말로 길게 혼내는 것은 바람직하지 않다.

여자아이는 감정을 배려해주어야 한다. 여자아이는 남자아이보다 모방하는 행동을 더 즐긴다고 한다. 한글을 가르칠 때 지나치게 일찍 가르칠 필요는 없지만, 아이가 배우고 싶어 하면 놀이처럼 아이가 원하는 만큼 가르치면 된다. 아이를 엄마가 아닌 다른 사람이나 기관에 맡기면 여자아이는 일찍부터 감정이입이 가능하므로 아이의 감정을 최대한 존중해주어야 한다. 시간이 걸리더라도 아이가 원하는 만큼 이유를 충분히 설명해주고 헤어질 때는 안아주고 손을 흔들어주는 노력이 필요하다.

잘못했을 경우 엄하게 혼내면서 감정에 호소해주어야 한다. 여자아이의 경우 처지를 바꿔 생각해보게 하는 것이 가장 효과적이라고 한다. 잘못한 행동에 대해서는 단호하고 엄하게 혼을 내야 하는데 말로 혼내는 것이 안 될 경우 여자아이도 타임아웃을 적용해야 할 필요성이 있다. 따뜻한 훈육은 엄마와 아이 모두를 변하게 한다.

엄격하기만 한 꾸중은 훈육이 아니다

아이들을 잘 키우는 가장 훌륭한 방법은 아이들을 행복하게 하는 것이다.
- 오스카 와일드 -

아이의 자존감을 높이는 데 중요한 것은 부모의 역할

아기가 세상에서 처음 만나게 되는 사람은 엄마다. 아기는 엄마를 통해서 외부의 세계를 경험하게 된다. 엄마와 아기는 신뢰와 사랑으로 맺어지면 긍정적인 방향으로 나아가게 되고 원만한 사회성도 기르게 된다. 아이를 대할 때 부모는 일관성 있게 대하는 태도가 중요하다.

같은 상황인데 기분에 따라서 금지와 허용을 뒤섞어서 훈육하게 되면 아이는 혼란스러워한다. 아이에게 해가 되거나 위험한 일이 아니라면 대체로 허용을 해주고 징징대거나 울지 않고 말할 때 부모가 더 애정을 쏟거나 잘 들어준다는 식으로 규칙을 정해두면 좋다.

가족과 육아에 대해 연구해온 임상심리학자 토니 험프리스는 아이가 자신의 가치를 충분히 알 수 있도록 부모가 도움을 주어야 한다고 말한다. '난 못해', '난 자격이 없어.'라며 본래 자신의 자아, 자신의 가치를 사소하게 생각하는 아이는 학습에도 흥미를 느끼지 못하며 성인이 되어서도 재능을 펼칠 기회를 스스로 놓치기 쉽다고 말하며, 호기심이 풍부한 아이로 자라기 위해서는 우선 자존감이 높아야 한다고 주장했다. 그는 자존감이 높은 아이일수록 배우고자 하는 열망이 높고 도전을 즐기며 배움에 대한 호기심이 살아 있다고 말했다.

아이의 자존감을 높이는 데 중요한 것은 부모의 역할이다. 사랑하는 사람들에게 인정받는 아이는 자신감과 자존감이 높아지고 적극적인 자세를 갖게 된다. 부모가 아이의 행동에 긍정의 힘으로 대하는 것이 중요하다. 세계적으로 성공한 사람들의 부모의 공통점은 아이를 긍정적으로 대하면서 믿어주었다는 것이다. 아이를 강하게 믿고 지지해준다면 아이는 긍정적이고 바람직한 아이로 자라게 될 것이다.

부모가 아이의 특징을 잘 알고 강점지능을 알고 있다고 해도 내 아이가 스스로 배우려는 의지가 없다면 아이의 강점지능은 발달하기 힘들다. 아이의 강점지능을 계발시켜주려면 가장 중요한 포인트가 배우고 싶어 하는 동기를 유발하는 것이다. 강요하게 되면 아이의 의욕을 떨어뜨리게 될 수도 있다. 아이에게 동기를 불어넣어 주기 위해서는 부모는 아이가 제시하는 기발한 착상이나 아이디어에 관심을 기울이며 동참해주어야 한다. 칭찬은 고래를 춤추게 하듯 아이의 의욕도 점점 상승한다. 부모에게 인정과 칭찬을 받은 경험이 많은 아이는 행복감과 만족감 지수가 높다.

아이의 성취감을 키우게 하려면 작은 성공을 많이 맛보게 하는 것이 중요하다. 아이가 특별하게 생각하는 사람에게 칭찬을 받게 되면 아이의 마음에 내적으로 강한 동기 부여가 될 수 있다. 예를 들면 처음에는 과학 문제를 잘 풀어서 선생님에게 칭찬을 받게 되어 과학을 좋아하기 시작했다고 해도, 나중에는 스스로 문제를 풀게 되고 답을 맞혀가는 과정에서 성취감을 맛보기 위해 공부하는 아이가 된다.

성공을 경험한 아이는 자신이 스스로 해냈다는 성취감을 느끼게 되는데, 작은 성취감이 자라면서 내적으로 동기 부여가 되는 것이다. 부모의 역할은 아이가 중간에서 포기하지 않도록 격려와 용기를 북돋아주며, 성공할 수 있도록 가르쳐주는 것이 중요하다.

아이의 재능이 발달하는 시기를 살펴봤을 때 유아기는 여러 영역에 관심을 두는 시기이다. 아기 때 가장 중요한 것은 부모와의 상호작용이다. 아이의 오감을 자극해주는 다양한 놀이법을 통해 자연스러운 발달을 유도하고 아이가 흥미를 보이는 분야가 무엇인지 지켜봐야 한다. 초등기는 조금씩 자신의 적성과 재능에 눈을 뜨게 되는 시기이다. 아이의 재능을 발견해서 키우기 위해서는 두각을 보이는 분야를 찾아주어 그 분야를 중심으로 학습을 설계할 수 있도록 부모가 도와주는 것이 좋다.

피아제는 아이들은 스스로 탐색하고 발견하는 것을 좋아하며, 자신의 지적 욕구를 일방적인 주입식 학습이 아닌, 사물과의 관계 등을 이해함으로써 더욱 빠르고 정확하게 지식을 습득하고 싶어 한다고 말했다. 아이가 좋아하고 잘할 수 있는 일이 무엇인지, 관련된 직업에는 어떤 것이 있으며 (성남시 분당구에 위치한 잡월드에 방문하여 체험을 하면 좋다) 꿈을 위해서는 어떠한 노력을 해야 하는지에 대해 부모와 함께 상의하고 이야기하며 미래를 얘기하면 좋다.

아이는 존중받고 존엄성을 인정받아야 한다

아이를 훈육할 때 훈계보다는 부모와 감정의 불통이 아이의 자존감에 상처를 입힌다. 아이의 감정을 무시하는 소통이 아이의 자존감을 무너뜨리게 될 수도 있다. '조기감통'이라는 말이 있다. 아이의 감정을 공감해주는 일이다.

즉 아이가 느끼는 감정에 대한 맞장구, 아이가 느끼고 있는 감정을 묘사하는 것, 아이의 기분을 물어보는 일, 아이의 감정을 만나 무엇이 옳은지 그른지 한계를 그어 주는 일이라고 보면 된다. 예를 들면 엄마는 속상하다, 엄마도 뚜껑 열리는데 →엄마의 감정은 이런 상태라고 알려주어야 한다. 네 기분은 어떠니? 너는 얼마나 화가 나겠니? →아이의 감정과 만나 주려는 엄마의 노력이다. 아이의 다양한 감정을 공감하려 할 때 감통은 시작된다. 감통이 시작되면서 아이는 존재감을 인정받고 자신의 감정 세계를 잘 이해할 수 있게 된다.

미국, 영국, 서유럽의 여러 나라의 부모들은 아이의 개성을 존중하고 아이가 자신의 열정과 흥미에 초점을 맞추도록 격려하는 일을 중시한다는 사실이 자리하고 있다. 아이가 부모의 뜻을 무조건 따르게 하기보다 아이의 선택을 지지하는 것이 그들의 성향이다. 긍정적이고 애정 어린 환경이 필요한 조건이다. 자신감이 낮은 아이가 과도한 칭찬을 받으면 계속 그런 칭찬을 받는 것에 연연해하고 따라서 칭찬을 받지 못할까 봐 두려운 마음에 좀 더 어려운 일을 시도하지 않을 가능성이 크다고 한다.

즉 자신감이 낮은 아이는 과도한 칭찬을 받으면 새로운 것을 시도하려는 자신감이 더 생기는 것이 아니라 실패할 위험성을 회피할 가능성이 더 커진다고 한다. 적절한 칭찬이 끝나는 지점과 과장된 칭찬이 시작되는 지점 사이에는 이상적인 지점이 존재할 필요성이 있다.

서양 대중문화에서 주목을 받는 대상은 '호랑이 엄마'라고 한다. 호랑이 엄마는 아이가 성과를 달성하도록 무섭게 몰아붙이는 힘이 있는 냉정한 사람으로 묘사되며, 항상 아이 주변을 맴돌면서 대리만족을 느끼며 사는 사람으로도 그려진다. 중국의 예를 들어보면 중국 부모들은 아이를 보호하는 가장 좋은 방법은 미래를 위해 아이를 준비시키는 것이라고 믿는다고 한다. 중국 부모들은 아이가 할 수 있는 일을 제대로 발견하고 습관, 기술, 확고한 자신감을 갖추도록 돕는다고 한다.

엄격하기만 한 꾸중은 훈육이 아니라고 한다. '긍정적인 훈육'은 아이를 자신의 방으로 내쫓는 것이 아니라 아이에게 마음을 가라앉힐 수 있는 이른바 '진정하는 자리'에 앉아 있으라고 권하는 방식이다. 부모는 아이가 올바른 생각을 못 할 정도로 화가 났을 때 아이를 '진정하는 자리'에 앉히는 방법을 추천한다. 칭찬할 때에도 아이에게 진심을 담아 구체적이고 사실적으로 칭찬을 해야 하며, 아이가 스스로 변화시킬 능력이 있는 특성에 대해서 칭찬해주어야 한다.

아이가 자신이 다른 누군가보다 더 잘한다는 점이 아닌 특정한 기술을 완벽히 익힌다는 점에 초점을 맞추도록 격려하기 위해서 칭찬을 이용해야 한다. 그렇지만 균형도 이루어야 한다. 아이가 쉽게 달성하는 성과나 좋아해서 하는 일에 대해 지나치게 칭찬을 해주면 역효과가 생긴다는 사실이 밝혀졌기 때문이다. 자존감이 낮은 아이가 과도한 칭찬을 받으면 자신감과 자존감이 생기는 것이 아니라 실패에 대한 두려움을 느끼기 쉽다.

아이는 존중받고 존엄성을 인정받아야 한다. 부모가 아이를 존중하는 태도로 대할 때 아이도 자기 자신과 타인을 존중하는 법을 배우게 된다.

이 럴 땐 이 렇 게, 육 아 필 살 기 !

자존감이 낮고 또래와 어울리지 못해요!

집 안에서 아빠 역할이 중요하다. 아빠와의 관계가 전반적인 발달을 촉진한다. 아이들은 대부분 내면에 공격성을 갖고 있다. 그런데 이 공격성을 기본적으로 누그러뜨릴 수 있는 역할을 아빠가 해줄 수 있다. 아빠와의 관계가 나비효과를 가져온다. 또한 건강한 성 정체성을 키운다. 아이의 자존감을 높이기 위해서는 반복되는 성공 경험을 제공해주는 게 좋다. 혼자서 할 수 있는 양말 신기, 수저 놓기 등을 하게 해서 반복되는 성공 경험을 쌓아준다. 자존감을 높이려면 부모의 욕심을 줄이는 게 좋다.

욕심이 지나치면 아이가 성공을 해도 만족하지 못하기 때문이다. 그리고 칭찬을 많이 하는 게 좋은데 무조건적인 칭찬이 아닌 구체적인 칭찬을 해야 한다. "넌 원래 똑똑하니까 잘 해낸 거야."와 같이 기질을 칭찬하기보다는 "열심히 노력하더니 결국 해냈구나."처럼 노력을 칭찬하는 게 좋다. 또한 비교하는 칭찬을 해서는 안 되고 칭찬을 남발하지도 말아야 한다.

출처 : 『EBS 부모 사랑의 처방전』, EBS〈부모〉제작팀, 경향비피

에필로그

사람은 태어날 때 '사람 사용설명서'를 가지고 태어나지 않는다. 옳고 그름을 스스로 판단하고 스스로 세운 원칙을 변화무쌍하게 많은 시행착오를 거치며 수정해가면서 살아야 한다.

초보 엄마가 육아를 배우는 과정은 아이가 공부하는 것과 비슷하다. 엄마는 아이에게 엄마가 더 옳다는 믿음을 가지고 있을 수도 있다. 사람은 누구나 자신이 옳기를 바라고 실제로 그렇다고 믿고 싶어 하는 경향이 있다. 아이가 떼를 쓰거나 엄마에게 대들 때 누가 옳고 틀렸느냐보다는 아이가 어떤 감정을 느끼고 있는지 공감해주는 것이 더 중요하다. 육아에 있어 중요한 것은 배움과 개선이다. 교육과 훈련을 통해 잘못된 부분을 찾고 고쳐 나가는 것이 중요하다. 아이의 감정을 공감하고 이해하는 것부터 시작해야 한다.

조망 수용(perspective taking)이라고 부르는 기술을 어릴 때부터 가르쳐야 한다. 타인의 상황에 놓인 자신을 상상하는 것으로, 타인의 의도나, 태도 또는 감정, 욕구, 생각, 감정, 지식을 추론하는 능력이다. 피아제는 전조작기 아동(2~7세)들의 주요 특성으로 자아 중심성(egocentrism)을 제안하면서 이 시기의 아동들은 조망 수용 능력 발달이 미숙하다고 했다. 조망 수용을 배운 아이는 어른이 되어도 자연스럽게 타인의 감정을 이입해 깊게 공감하고 협력하게 된다.

육아는 부모가 기대하는 만큼 아이의 자율성과 자존감을 높여주어야 한다. 단점보다는 장점을 부각시켜주고 부정적인 언어보다는 긍정적인 언어로 아이를 키워주자. 아이와 눈높이를 맞추면 공감할 수 있는 부분이 많아진다. 아이와 부모가 믿음과 신뢰를 바탕으로 좋은 관계를 쌓아나간다면 아이도 부모를 전적으로 믿고 따를 것이다.

자녀의 성장에 절대적인 영향을 주는 부모의 존재의 역할에 대해서 들여다보면 〈뉴욕타임즈〉에 "부모는 자녀가 스스로에 대한 이미지를 형성하는 데 가장 크고 중요한 역할을 담당한다."라고 말한다. 부모는 칭찬과 신체적인 애정 표현을 통해 자녀가 긍정적인 자아상을 갖게 해야 한다고 요구받는다.

부모의 역할은 아이의 다른 점을 인정하고 그대로 수용해야 하며, 내 기대치를 아이에게 요구하지 않는 것이다. 이는 작은 칭찬과 배려에서 출발한다. 자존감은 부모가 아이에게 줄 수 있는 가장 큰 선물이다.

아이의 눈높이에 맞춰주면 공감할 수 있는 부분이 많아진다. 아이와 부모가 믿음과 신뢰를 바탕으로 좋은 관계를 쌓아간다면 아이들도 부모를 믿고 따를 것이다. 아이에게 상처를 주는 부모는 아이와의 관계에 있어서 문제 해결 방안을 모색해야 한다. 먼저 아이의 장점을 먼저 생각해야 한다. 그리고 아이의 문제점을 정리해주어야 한다. 부모의 역할은 아이 스스로 생각해서 아이 스스로 문제를 해결하게 하는 성취감을 느끼게 해주는 것이다. 아이가 부모 생각과 다르게 행동하거나 다른 결정을 하게 되더라도 아이의 생각을 존중해주어야 한다. 부모가 아이에게 상처를 주는 것도 습관이다. 부모는 항상 자신을 뒤돌아봐야 한다.

내 아이는 그 자체로 소중한 존재다. 가족이 행복한 삶, 절실한 목표이면서 보편적이고 단순한 말이다. 스스로 귀하게 여기고 자신에 대한 긍정적인 자아상과 자존감이 높은 아이들은 자기 통제력도 강하다. 아이들은 성장 과정에서 방황도 하겠지만 부모의 지속적인 관심과 사랑속에서 자신의 할일을 알고 제자리로 돌아올 수 있는 능력이 있다.

미하이 칙센트 미하이라는 심리학자는 행복의 뿌리에 대한 면밀하고 실증적인 연구를 통해 "행복은 사람들에게 발생하는 것이 아니라 사람들이 만들어내는 것"이라는 결론을 얻었다. 그의 연구에 따르면 그가 '몰입'이라고 부르는 상태에서 사람들이 가장 큰 행복감을 느낀다고 한다. 몰입의 상태에서 우리는 자신이 하고 있는 것과 하나가 된다.

육아에서도 어제의 나를 이기는 성장하는 마음가짐이 필요하다. 아이들이 원하는 목표를 정하고 이를 달성하기 위한 길을 찾아주도록 돕는 것이 부모의 자세다. 장애물을 넘을 기회를 제공하고 지지해주고 피드백을 주고 다시 노력할 수 있도록 격려해주어야 한다.

아이가 시행착오를 겪더라도 스스로 강해지는 경험을 하게 해야 한다. 이 모든 것에 부모의 사랑이 있어야 한다는 것이다. 부모가 아이들과 보낼 수 있는 시간은 결코 무한하지 않다. 유한한 시간 속에서 부모와 아이는 행복하고 건강하게 보내야 한다.

부모가 목표로 삼아야 하는 것은 부모가 바라는 모습으로 아이들을 빚어내는 것이 아니라, 아이들 각자의 개성을 이끌어내는 일이다. 지혜로운 부모라면 아이를 처음의 바람대로 독립적이며, 경이롭고, 자신감 넘치고, 자유로운 사고를 펼치는 미래의 주도적인 리더로 성장시키게 될 것이다.